Die Elektrischen Wechselströme.

Die

Elektrischen Wechselströme.

Zum Gebrauche

für

Ingenieure und Studierende

bearbeitet

von

Thomas H. Blakesley, M. A.

King's College, Cambridge,

Member of the Physical Society of London, M. Inst. C. E.

Mit Genehmigung des Verfassers übersetzt

von

Clarence P. Feldmann,

Ingenieur.

Mit 31 in den Text gedruckten Figuren.

Berlin.   1891.   **München.**

Julius Springer.   R. Oldenbourg.

ISBN-13: 978-3-642-89301-8   e-ISBN-13: 978-3-642-91157-6

DOI: 10.1007/978-3-642-91157-6

Vorwort.

———

Die folgenden Kapitel wurden in der Absicht geschrieben, Beispiele für die Verwendung der geometrischen Methode zur Lösung solcher Probleme zu bieten, welche der Strom einer Quelle harmonisch variierender elektromotorischer Kraft involviert.

Der grössere Teil derselben erschien ursprünglich in der Zeitschrift »The Electrician«, ein anderer Teil wurde in den »Transactions of the Physical Society« und dem »Philosophical Magazine« veröffentlicht.

Das Kapitel über Kondensator-Transformatoren ist bis jetzt noch nicht veröffentlicht worden.

Thomas H. Blakesley.

Royal Naval College, Greenwich.
    Mai 1889.

Inhalt.

Erstes Kapitel.
Selbstinduktion . . . . Seite

Zweites Kapitel.
Gegenseitige Induktion . . . . „ 11

Drittes Kapitel.
Kondensatoren . . . . „ 18

Viertes Kapitel.
Kondensator im Stromkreise . . . . „ 23

Fünftes Kapitel.
Mehrere Kondensatoren . . . . „ 29

Sechstes Kapitel.
Kombination von Kondensatoren mit Selbstinduktion . . . „ 33

Siebentes Kapitel.
Kondensator-Transformatoren . . . . „ 40

Achtes Kapitel.
Gleichförmige Verteilung der Kondensatoreigenschaften . . „ 43

Neuntes Kapitel.
Verteilte Kapazität (Fortsetzung). — Telephonie . . . . . „ 54

Zehntes Kapitel.
Kraftübertragung . . . . „ 59

Elftes Kapitel.
Über die Anwendung des zweispuligen Dynamometers bei
Wechselströmen . . . . „ 73

Zwölftes Kapitel.
Verschwinden des Tones in einem Telephon . . . . . . „ 82

Dreizehntes Kapitel.
Über magnetische Verzögerung . . . . „ 88

Erstes Kapitel.

Selbstinduktion.

Es wird häufig angenommen, daſs die einfache Form des Ohmschen Gesetzes: $\dfrac{\text{totale E. M. K.}}{\text{totalen Widerstand}} = $ totaler Strom, auch für Wechselströme richtig sei. Hierbei wird jedoch in der Regel als E. M. K. nur die Summe aller von dem äuſseren magnetischen Felde herrührenden E. M. K.'e in die Formel eingesetzt. Daſs es Ursachen gibt, welche den aus dieser einfachen Gleichung sich ergebenden Stromwert modifizieren, wie z. B. gegenseitige und Selbstinduktion oder Kondensatorwirkungen, wird häufig in den Lehrbüchern erwähnt, und dann werden auch die Werte und Gesetze der Veränderung des Stromes für gewisse Fälle momentaner Öffnung und Schlieſsung des Stromkreises richtig angegeben. Doch sind meines Wissens die Wirkungen einer alternierenden E. M. K. auf einen von gegenseitiger Induktion, Selbstinduktion und Kondensatorwirkungen beeinfluſsten Stromkreis noch nicht in eine für den Gebrauch handliche Form gebracht worden. Ich beabsichtige, den Fall zu behandeln, wo die E. M. K. des äuſseren Feldes einfachen harmonischen Veränderungen unterworfen ist — d. h. jener Art von Veränderungen, welche in der scheinbaren Entfernung eines Satelliten von seinem Planeten für ein solches Auge stattzufinden scheinen, welches sich in der Ebene der Bahn und in einer unendlichen Entfernung von der Bahn des Himmelskörpers befindet. Die Form dieses Gesetzes ist einfach

$$x = b \sin \frac{\pi}{T} (t - t'),$$ wo t allgemein das Symbol der Zeit und t'

der spezielle Wert in jenem Momente ist, wo die den betrachteten

Variationen unterworfene Größe x den Nullwert besitzt. Da der Sinus eines Winkels niemals die Einheit übersteigen kann, so ist b der Maximalwert von x. T ist die halbe Periode oder die Zeit, welche x braucht, um von seinem größten positiven zu seinem größten negativen Werte zu variieren.

Diese Art der Variation ist genau jene der E. M. K. einer Spule, welche um irgend eine Achse mit gleichförmiger Geschwindigkeit durch die Kraftlinien eines gleichförmigen magnetischen Feldes bewegt wird; und sie ist angenähert bei einer großen Anzahl von Bewegungen vorhanden, welche die Praxis darbietet. Die Variation der telephonischen Ströme, welche in einem Bell-Telephon erzeugt werden, ist ebenfalls eine harmonische.

Es sei eine gerade Linie von gegebener Länge, und in der Ebene des Papiers gelegen, einer gleichförmigen Rotationsbewegung in dieser Ebene unterworfen. Dann wird ihre Projektion auf eine ebenfalls in der Ebene des Papiers gelegene, feststehende Gerade von unendlicher Länge harmonischen Variationen unterworfen sein; diese Projektion kann also irgend eine, solcher Variationen fähige Größe darstellen (z. B. eine E. M. K.), deren Maximalwert durch die rotierende Gerade selbst dargestellt wird. Die Periode, in welcher die rotierende Gerade eine vollständige Umdrehung macht, ist die Periode der Variation. Wenn wir daher die Stellung der feststehenden Geraden und der rotierenden Geraden in irgend einem Momente kennen, so können wir bestimmen, in welcher Phase sich die harmonisch variierende Größe in diesem Momente befindet. Setzen wir z. B. voraus, der Winkel zwischen den beiden Geraden sei 30°, so können wir sofort sagen, daß die Größe von ihrem Maximalwerte der Zeit nach um ein Zwölftel der Periode entfernt ist. Wenn der Winkel in dem betrachteten Momente anwächst, hat die Größe ihren Maximalwert seit Beginn dieses Zeitintervalls überschritten. Nimmt der Winkel aber ab, so wird die Größe ihren Maximalwert nach Ablauf dieses Zeitintervalls erreichen. Es ist deshalb notwendig, zur Darstellung des positiven Verlaufs der Zeit eine positive Drehrichtung festzustellen. (Hier soll die der Uhrzeigerbewegung entgegengesetzte Richtung als positiv angenommen werden.)

Wenn wir zwei solcher E. M. K.'e in demselben Stromkreise wirkend haben, welche verschiedene Maximalwerte, aber die gleiche Periode besitzen, so kann jede derselben durch die Projektion einer rotierenden Geraden auf eine feststehende Gerade dargestellt werden. Die resultierende elektromotorische Kraft wird also in diesem Momente die algebraische Summe der einzelnen Projektionen sein. Wenn aber zwei rotierende Linien, deren Rotation sich gleichförmig vollzieht und von gleicher Größe für beide Linien ist, als die zwei Seiten eines Dreiecks unter Berücksichtigung ihrer Vorzeichen niedergelegt werden, so werden die Linien stets unter dem gleichen Winkel gegen einander geneigt bleiben, und die algebraische Summe ihrer Projektionen wird die Projektion der dritten Seite sein. Wir haben also bei solchen elektromotorischen Kräften ein Theorem, welches genau jenem des Dreiecks der Richtungsgrößen entspricht.

Wir können die Darstellungsweise solcher Größen zu einem Theorem ausdehnen, welches dem Polygone der Richtungsgrößen entspricht und sich wie folgt angeben läßt.

„Wenn die geraden Linien AB, BC, CD, ... ST die Maximalwerte verschiedener elektromotorischer Kräfte darstellen und in Bezug auf ihre Richtung so auf dem Zeichenblatte niedergelegt sind, daß ihre Projektionen auf eine feststehende gerade Linie in irgend einem Zeitpunkte die momentanen Werte dieser elektromotorischen Kräfte darstellen, dann ist die Resultierende dieser elektromotorischen Kräfte in jenem Zeitpunkte durch die Schlußlinie TA dargestellt." (Fig. 1).

Wenn wir in einem besondern Falle alle in Betracht kommenden elektromotorischen Kräfte beachtet haben, dann wird offenbar diejenige Gerade, welche die resultierende Kraft darstellt, der Phase nach mit dem Strome in dem betrachteten Augenblicke korrespondieren; und wenn wir durch Ausmessung oder Rechnung den Wert dieser Resultierenden in Volt bestimmen, so ergibt die Division mit dem Widerstande jenen Wechselstrom, welcher

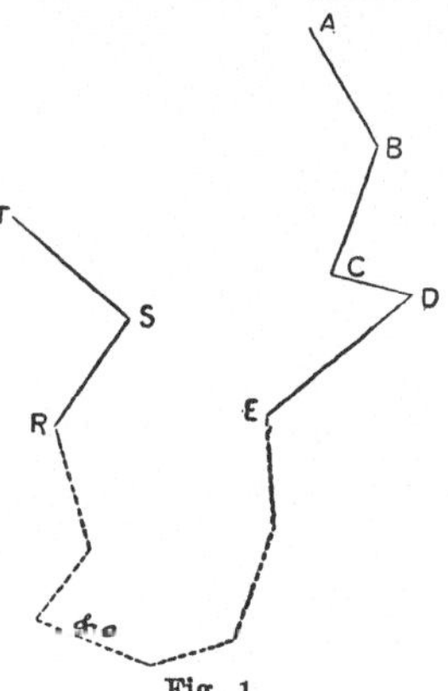

den einzelnen elektromotorischen Kräften als Komponenten entspricht. Diese Betrachtung behält ihre Richtigkeit auch dann, wenn eine der elektromotorischen Kräfte jene der Selbstinduktion ist. Wir wollen aber annehmen, wir hätten durch Zusammensetzung aller elektromotorischen Kräfte mit Ausnahme jener der

Selbstinduktion eine vorläufige Resultante erhalten; die schliessliche·
Resultante ergibt sich aus der Überlegung, daſs sie rechtwinklig
zur elektromotorischen Kraft der Selbstinduktion gelegen sein
muſs. Denn diese letztere muſs ihren gröſsten Wert besitzen, wenn
der Strom durch Null passiert: deshalb muſs ihre Projektion auf
die feststehende Gerade am gröſsten sein, wenn die Projektion der
schlieſslichen Resultante (die mit dem Strome korrespondiert) den
Nullwert besitzt. Aus diesem Grunde muſs zwischen der schlieſslichen
Resultante und der elektromotorischen Kraft der Selbstinduktion
dieselbe Beziehung zu der vorläufigen Resultierenden bestehen, wie
zwischen den Katheten eines rechtwinkligen Dreiecks und der
Hypothenuse desselben.   Und da wir die Hypothenuse bereits
besitzen, haben wir nur das Verhältnis der Katheten und ihre
Lage in Bezug auf die Hypothenuse zu bestimmen, um eine voll-
kommene Kenntnis der Lage und Gröſse der schlieſslichen Resultante und der elektromotorischen Kraft der Selbstinduktion zu
erlangen.   Die geometrische Konstruktion ist die folgende:
Vom einen Ende der vorläufigen Resultierenden trage in der
negativen Drehrichtung einen Winkel ab, dessen Tangente gleich

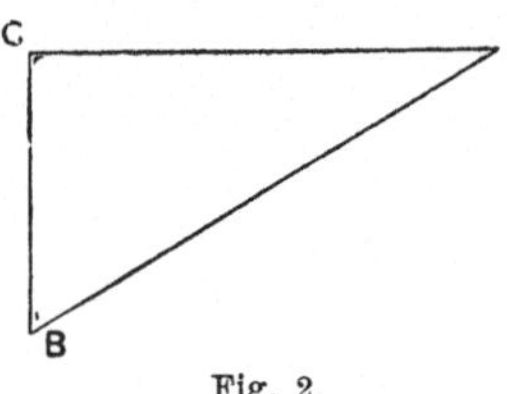

Fig. 2.

ist dem Produkte aus dem Koeffizienten der
Selbstinduktion und der Winkelgeschwindigkeit der Rotation, geteilt durch den
Widerstand.   Vervollständige sodann das
rechtwinkelige Dreieck.   Wenn dann ABC
ein solches Dreieck ist, in welchem AB,
BC, AC bezw. die vorläufige Resultante,
die E. M. K. der Selbstinduktion und die
schlieſsliche Resultante in ihren Maximalwerten darstellen, so ist
klar, daſs die maximale Zunahme der schlieſslich resultierenden
elektromotorischen Kraft durch $AC \times$ der Winkelgeschwindigkeit
gegeben ist.   Teilt man diesen Wert durch den Widerstand, so ergibt sich die maximale Zunahme des Stromes pro Zeiteinheit, welche,
mit dem Selbstinduktionskoeffizienten multipliziert, nach der funda-
mentalen Definition der elektromotorischen Kraft der Selbstinduktion, den Wert dieser E. M. K. ergeben muſs.
Wenn deshalb

r den Widerstand,

L den Selbstinduktionskoeffizienten,

ω die Winkelgeschwindigkeit

bedeuten, so ist

$$BC = \frac{AC}{r}\,\omega\,L$$

oder

$$\frac{BC}{AC} = tg\,BAC = \frac{\omega\,L}{r}.$$

Wenn $2\,T$ die Periode ist, so ist $\omega = \dfrac{2\,\pi}{2\,T}$

und somit

$$tg\,BAC = \frac{L\pi}{T\,r}.$$

Und da die elektromotorische Kraft der Selbstinduktion am gröfsten und positiv sein mufs, wenn der Strom durch Null von $+$ zu $-$ wechselt, so müssen offenbar die Phasen der elektromotorischen Kraft der Selbstinduktion jenen der schliefslichen Resultante in einem Zeitintervalle folgen, welches einer Viertelperiode entspricht. Damit ist die obige Konstruktion gerechtfertigt.

Da viele Wechselstromprobleme durch geometrische Methoden behandelt und gelöst werden können, will ich einige geometrische Lehrsätze geben, welche das Verständnis der vorkommenden Diagramme erleichtern.

1. Geometrischer Satz.

Gegeben sind AB, AC, zwei Linien in der Ebene AX, AY, welche um eine, durch A senkrecht zu dieser Ebene gezogene Gerade mit gleichförmiger Geschwindigkeit rotieren, so dafs der Winkel CAB konstant bleibt; es soll ein geometrischer Ausdruck für den Mittelwert des Produktes ihrer Projektionen auf AX gefunden werden.

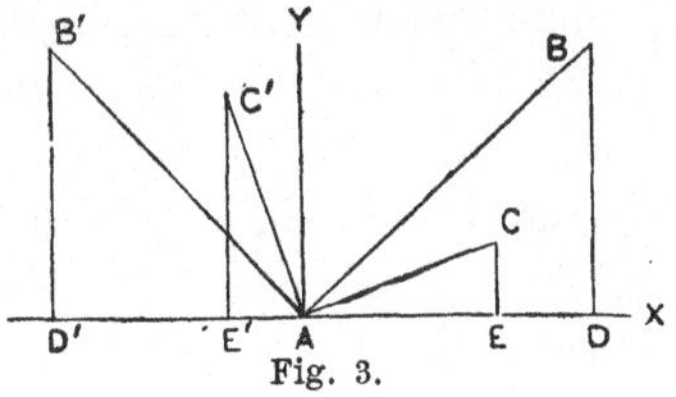

Von B und C ziehe BD, CE senkrecht zu AX.

Fig. 3.

Ziehe AB' senkrecht auf AB und gleich AB.

Ziehe AC' senkrecht auf AC und gleich AC. Dann stellen AB', AC' die Stellungen von AB, AC nach der Drehung um einen rechten Winkel dar.

Ziehe $B'D'$ und $C'E'$ senkrecht auf die Verlängerung von XA.

Dann ist der Winkel $AB'D' =$ dem Winkel BAD, und

„ „ $AC'E' =$ „ „ $CAE.$

Nun ist
$$AE \times AD = AC \times AB \times \cos CAE \cos BAD \text{ und}$$
$$AE' \times AD' = AC' \times AB' \times \sin AC'E' \sin AB'D'$$
$$= AC \times AB \times \sin CAE \sin BAD$$

also
$$\frac{AE \times AD + AE' \times AD'}{2} =$$
$$= \frac{AC \times AB}{2} \left\{ \cos CAE \cos BAD + \sin CAE \sin BAD \right\}$$
$$= \frac{AC \times AB}{2} \cos \left\{ CAE - BAD \right\}$$
$$= \frac{AC \times AB}{2} \cos BAC.$$

Die linke Seite dieser Gleichung stellt den Mittelwert des Produktes der Projektionen von $AB \times AC$ auf AX für zwei um einen rechten Winkel verschiedene Stellungen des rotierenden Systems dar. Wir können aber alle Stellungen des Systems paarweise zu solchen, um einen rechten Winkel verschiedenen Stellungen, zusammenfassen. Wenn wir das thun, so zeigt die obige Gleichung, dafs der Mittelwert unabhängig von der thatsächlichen Stellung des Systems ist.

Deshalb ist der für zwei solche Stellungen erhaltene Mittelwert der gesuchte Mittelwert für alle Stellungen. Die Gleichung zeigt, dafs derselbe durch das halbe Produkt von AB und AC in den Cosinus des von ihnen eingeschlossenen Winkels dargestellt wird.

Es ist nicht nötig, dafs die Linien AB und AC einen gemeinsamen Punkt besitzen. Wenn AB, CD irgend zwei Gerade in einer Ebene sind, welche um eine senkrecht zu dieser Ebene stehende Linie rotieren und dabei ihre Neigung gegeneinander konstant erhalten, so ist der Mittelwert des Produktes ihrer Projektionen auf irgend eine Gerade in der sie enthaltenden Ebene gleich dem halben Produkte ihrer Längen, multipliziert mit dem Cosinus des Winkels zwischen ihnen.

Die Anwendung dieses Satzes auf Wechselstromprobleme ist aufserordentlich einfach.

Die in irgend einem Momente von einer Stromquelle geleistete Arbeit ist durch das Produkt aus der momentanen elektromotorischen Kraft der Quelle und dem momentanen Strom derselben gegeben.

Denken wir uns, eine der vorhin betrachteten Linien stelle den Maximalwert einer harmonisch variierenden elektromotorischen Kraft dar, auf einen Stromkreis wirkend, der einen ebenfalls harmonisch variierenden Strom von gleicher Periode führt. Denken wir uns weiterhin, die zweite Linie stelle die elektromotorische Nutzkraft dieses Stromkreises in ihrem Maximalwerte dar. Dann können die Projektionen dieser zwei Linien als die wahren Werte dieser zwei elektromotorischen Kräfte in irgend einem Augenblicke angesehen werden. Durch Division der elektromotorischen Nutzkraft durch den Widerstand erhalten wir den wahren Wert des Stromes für diesen Augenblick, und das Produkt der durch die Projektion der ersten Linie dargestellten elektromotorischen Kraft in den momentanen Strom gibt die in diesem Momente von der Stromquelle der ersten elektromotorischen Kraft geleistete Arbeit an.

Wenn daher, in der beistehenden Figur, AB den Maximalwert irgend einer elektromotorischen Kraft darstellt, welche auf einen Stromkreis vom Widerstande R wirkt, und wenn AC den Maximalwert der den Strom hervorrufenden elektromotorischen Nutzkraft bedeutet, so ist die mittlere Arbeit jener Quelle elektromotorischer Kraft, deren Maximalwert AB ist, gleich

$$\frac{AB \times AC}{2R} \cos BAC.$$

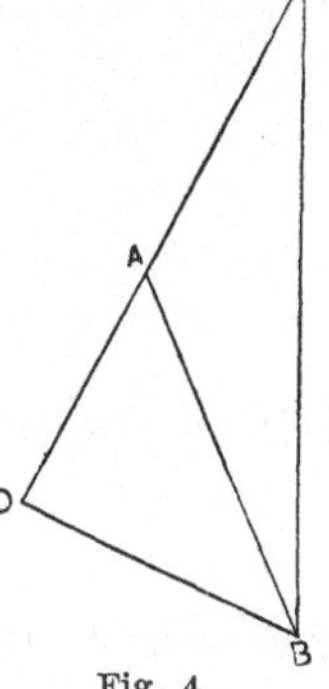

Fig. 4.

Es seien durch die Geraden AB, BC die einzigen zwei auf den Widerstand R wirkenden elektromotorischen Kräfte in ihren Maximalwerten, und durch die Projektionen dieser Geraden auf eine feststehende Gerade die übrigen Werte der elektromotorischen Kräfte dargestellt; dann ist AC die elektromotorische Nutzkraft, welche auf den Widerstand R einwirkt. Verbinde A mit C und verlängere die Gerade über A hinaus bis D; dann ziehe BD senkrecht zu AC. Nach dem vorher Gesagten ergibt sich die von der Quelle BC geleistete Arbeit gleich

$$\frac{BC \times AC}{2R} \cos ACB,$$

und die von der Quelle AB geleistete Arbeit gleich

$$\frac{AB \times AC}{2R} \cos CAB.$$

In der gezeichneten Figur hat diese Größe einen negativen Wert, numerisch gleich mit

$$\frac{AB \times AC}{2\,R}\ \cos DAB,$$

welcher Ausdruck also die Größe der auf die Quelle AB verwendeten Arbeit darstellt. Nach dem gleichen Gesetze ist die Nutzarbeit, welche den Strom im Stromkreise hervorvorruft, gegeben durch

$$\frac{AC \times AC}{2\,R}\ \cos 0 = \frac{AC^2}{2\,R}.$$

Die drei Leistungen der primären Quelle, der empfangenden und der den Stromkreis erwärmenden, sind bezw. proportional
mit $\qquad\qquad BC \cos ACB : AB \cos DAB : AC$
oder $\qquad\qquad\quad CD \qquad : \qquad DA \qquad : AC.$

Die elektromotorische Kraft der Selbstinduktion hängt ihrer Größe nach von der Zu- oder Abnahme des Stromes in der Zeiteinheit ab. Sie besitzt ihren größten Wert, wenn der Strom am raschesten wächst oder abnimmt, d. h. wenn er Null ist, und sie ist am kleinsten, wenn der Strom sich kaum ändert, d. h. nahe seinem Maximum oder Minimum ist. Sie variiert also auch harmonisch und muß in einem Diagramm der elektromotorischen Kräfte, wie sie bisher betrachtet worden sind, in rechtem Winkel zu der elektromotorischen Nutzkraft gezeichnet werden. Ihre mittlere Arbeit in einer Periode muß also Null sein.

Um diesen Mittelwert zu finden, bedenken wir, daß, wenn $2\,T$ die ganze Periode darstellt, $\dfrac{2\,\pi}{2\,T}$ die Winkelgeschwindigkeit irgend eines Punktes im Diagramm ist. Und wenn das Diagramm um das eine Ende jener Linie rotiert, welche die elektromotorische Nutzkraft darstellt, so wird die größte Zunahme dieser E. M. K. durch die Geschwindigkeit des anderen Endpunktes dargestellt.

Wenn also e den Maximalwert der elektromotorischen Nutzkraft bedeutet, so ist $e\,\dfrac{2\,\pi}{2\,T}$ die maximale Zunahme derselben pro Zeiteinheit und diese Größe, dividiert durch den Widerstand R, gibt die größte Zunahme des Stromes pro Zeiteinheit an. Ist also L der Selbstinduktionskoeffizient des Stromkreises, so wird der Maximalwert der elektromotorischen Kraft der Selbstinduktion

$$L \cdot \frac{e\,2\,\pi}{R\,2\,T} = e \cdot \frac{L\,\pi}{RT}$$

sein; es muſs deshalb in dem Diagramm die Gröſse $\dfrac{L\pi}{RT}$ gleich der Tangente des Winkels zwischen der E. M. Nutzkraft und der vorläufigen Resultante der elektromotorischen Gesamtkräfte sein.

Wenn also in der Figur 5 AB die Resultante der elektromotorischen Gesamtkräfte bedeutet, und AC so gezogen ist, daſs

$$tg\ CAB = \frac{L\pi}{RT},$$

und wenn BC senkrecht steht auf AC, so stellt BC die elektromotorische Kraft der Selbstinduktion und AC die elektromotorische Nutzkraft dar.

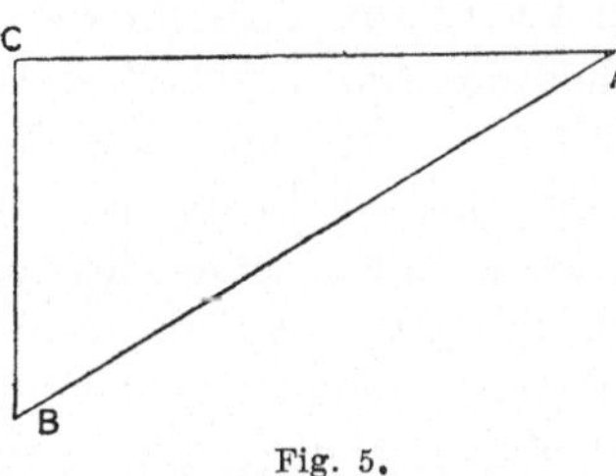

Fig. 5.

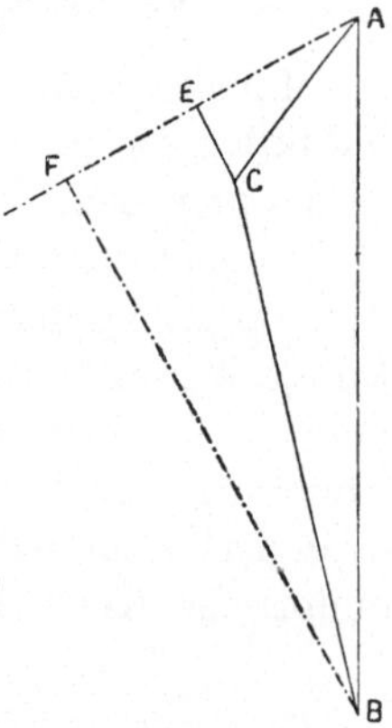

Fig. 6.

Denken wir uns nun, daſs die rotirenden Geraden AB und BC zwei elektromotorische Kräfte darstellen (Fig. 6). Dann ist AC ihre Resultierende; CAE ist ein Winkel, dessen Tangente gleich $\dfrac{L\pi}{Tr}$ ist; CE, BF sind Senkrechte auf AE. Dann ist AE die schlieſsliche Resultante oder die elektromotorische Nutzkraft, welche, durch den Widerstand dividiert, den Strom ergibt.

Die von der Quelle AB entnommene Arbeit ist $AF\dfrac{AE}{2r}$; die auf die Quelle BC übertragene Arbeit ist $FE\dfrac{AE}{2r}$; und die zur Erwärmung des Stromkreises verwendete Arbeit ist

$$AE\frac{AE}{2r} = \frac{AE^2}{2r}.$$

Da FE, die Projektion von BC, in der Zeichnung die entgegengesetzte Richtung wie AE besitzt, so findet eine Übertragung von Arbeit an diese Quelle statt. Wäre F näher an A gelegen als E, so würde die Quelle BC Arbeit verrichten und zur Erwärmung des Stromkreises beitragen. Offenbar hängt dies davon ab, ob der Winkel zwischen BC und AE gröſser oder kleiner als ein rechter Winkel ist.

Wenn wir die drei Arbeitsleistungen als Arbeit der speisenden

Quelle, Arbeit der empfangenden Quelle und Erwärmungsarbeit bezeichnen, so verhalten sich dieselben wie $AF : FE : AE$; und der Wirkungsgrad der Übertragung wird durch den Quotienten $\dfrac{FE}{AF}$, der Verlust durch das Verhältnis $\dfrac{AE}{AF}$ ausgedrückt.

Im allgemeinen verrichtet die elektromotorische Kraft der Selbstinduktion in einer Periode keine Arbeit. Es kommt jedoch vor, dass unter dem Einflusse eines Wechselstromes die Kerne von Elektromagneten warm werden; dieser Effekt wurde gewöhnlich der Fortleitung der im Stromkreise erzeugten Wärme zugeschrieben. Einige Autoritäten haben behauptet, daſs die Arbeit irgend einer induzierten elektromotorischen Kraft Null ſein muſs, und daſs die Änderung des elektrokinetischen Moments keinen Energieverlust involviert. Es ist jedoch klar, daſs wenn irgend eine elektromotorische Kraft Arbeit verrichtet, ihre Projektion auf die Linie der elektromotorischen Nutzkraft nicht verschwinden kann; und wenn durch den Wechsel der Polarität in einer Periode irgend eine Arbeit für die Kerne aufgewendet wird, so wird die elektromotorische Nutzkraft verringert werden um den Betrag einer anderen Kraft von entgegengesetzter Phase und einer Gröſse, welche nach Multiplikation mit der reduzierten elektromotorischen Nutzkraft und Division durch den doppelten Widerstand, als Resultat die auf die Kerne aufgewendete Arbeit ergibt. Eine solche elektromotorische Kraft ist eine induzierte; sie unterscheidet sich jedoch von jener der Selbstinduktion, wie diese gewöhnlich aufgefasst wird, dadurch, daſs ihre Phase genau jener des Stromes entgegengesetzt ist. Für einen solchen Fall hätte das Diagramm die oben dargestellte Form (Fig. 7) angenommen.

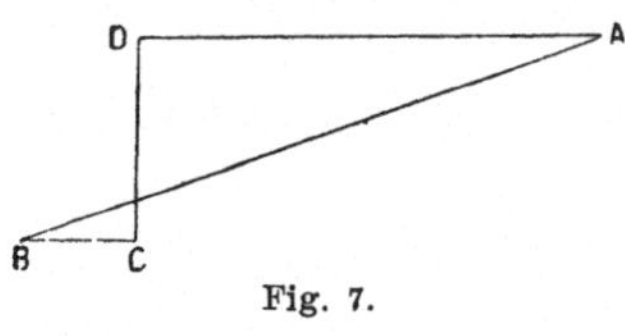

Fig. 7.

Hier ist AB die elektromotorische Gesamtkraft

         AD „   „   Nutzkraft

         CD „   „   „ der Selbstinduktion

         BC „   „   Kraft, welche aus

der Hysteresis resultiert; DC und DA sind verbunden durch die Beziehung

$$\frac{DC}{DA} = \frac{L\pi}{TR}.$$

Das Resultat eines hohen Grades magnetischer Hysteresis würde deshalb eine Verminderung der elektromotorischen Nutzkraft im Vergleiche zur elektromotorischen Gesamtkraft und zu gleicher Zeit eine Verminderung des Phasenunterschiedes zwischen diesen Kräften sein, während das Ergebnis einer Zunahme des Selbstinduktionskoeffizienten eine Verminderung der elektromotorischen Nutzkraft im Vergleiche zur elektromotorischen Gesamtkraft und zugleich eine Vergröfserung des Phasenunterschiedes der beiden wäre.

Die meisten Probleme, welche sich auf Selbstinduktion, gegenseitige Induktion und die Wirkung von Kondensatoren an bestimmten Punkten beziehen, können geometrisch in der angegebenen Weise behandelt werden, wie in den folgenden Kapiteln dargelegt werden wird; doch ist für den Fall verteilter Kapazität die analytische Methode besser.

Zweites Kapitel.

Gegenseitige Induktion.

Der Kürze halber soll im folgenden eine, harmonischen Variationen unterworfene Gröfse durch ihren Maximalwert bezeichnet werden. Wenn also in Fig. 8 die Projektion BD einer konstanten Linie AB auf die Y-Achse die elektromotorische Kraft darstellt, welche in irgend einem Momente in einem Stromkreise wirkt, und wenn die elektromotorische Kraft jene Variationen vollzieht, welchen diese

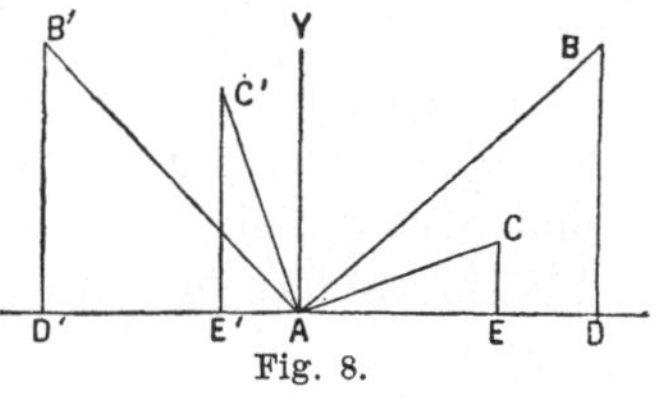

Fig. 8.

Projektion unterworfen ist, so wird es angemessen sein, die elektromotorische Kraft durch ihren Maximalwert AB zu bezeichnen.

Ähnliches mag auch in Bezug auf Ströme gesagt werden. Wenn ein Strom stets durch die Projektion der Gröfse gegeben ist, welche seinen Maximalwert darstellt, so können wir uns des Maximalwertes als Bezeichnung für den Strom bedienen.

Thatsächlich haben wir uns dieser bequemen Ausdrucksweise schon gegen den Schlufs des vorhergehenden Kapitels bedient. Wir können nun auch den ersten dort gegebenen Lehrsatz benutzen, um die Ablesung eines von Wechselströmen durchflossenen Elektrodynamometers zu bestimmen.

Es stelle, in Fig. 8, AB den Strom in einer der Spulen des Dynamometers dar, AC den Strom in der andern Spule. Dann wird der Mittelwert des Produktes dieser Ströme durch

$$\frac{AC \times AB}{2} \cos BAC$$

gegeben sein. Eben dieser Mittelwert des Produktes der zwei Ströme ist proportional der Ablesung des Instrumentes. Außerdem sind in dem häufigsten Falle die Ströme in den beiden Spulen gleich an Größe und in der Phase koinzidierend, weil nämlich die Spulen in Serie geschaltet sind.

Der ersten Forderung zufolge muß $AB = AC$ sein; sei c der Wert dieser Größen. Nach der zweiten Bedingung muß $\cos BAC$ gleich der Einheit sein, da $BAC = 0$.

Die Ablesung des Dynamometers wird deshalb proportional sein zu $\dfrac{c^2}{2}$.

Es wird also dieselbe Ablesung des Instrumentes, welche von einem Wechselstrom c (d. h. einem Wechselstrom, dessen Maximum c ist) hervorgerufen wird, auch von einem Gleichstrome erzeugt, dessen Wert $\dfrac{c}{\sqrt{2}}$ oder $0 \cdot 707\,c$ ist.

Die Methode der Zusammensetzung elektromotorischer Kräfte, welche gleiche Periode, aber verschiedene Phase besitzen und in einem Stromkreise wirken, nach Art der Zusammensetzung von Kräften und Geschwindigkeiten in der Mechanik, ist offenbar zulässig, wenn wir bedenken, daß die elektromotorische Nutzkraft gleich der Summe der Einzelprojektionen aller Kräfte auf eine gerade Linie ist.

Das Diagramm, welches die Anwendung dieser Methode ergibt, mag mit Vorteil auch benutzt werden, um die Wirkungen einer alternierenden E. M. K. auf einen Stromkreis darzustellen, welcher außer Selbstinduktion auch gegenseitige Induktion auf einen anderen, ebenfalls mit Selbstinduktion behafteten Stromkreis besitzt.

Wie man Selbstinduktion als die in einem Stromkreise infolge der Zu- oder Abnahme des Stromes in diesem Kreise selbst auftretende E. M. K. definiert, so bezeichnet man als gegenseitige Induktion jene E. M. K. eines Stromkreises, welche durch Änderungen des Stromes in einem benachbarten Kreise entsteht.

In beiden Fällen muſs die Änderung des Stromes in der Zeiteinheit mit einem Koeffizienten multipliziert werden, um die induzierte elektromotorische Kraft zu ergeben.

L ist das gebräuchliche Symbol für den Koeffizienten der Selbstinduktion, M jenes für den Koeffizienten der gegenseitigen Induktion.

Wenn wir also die pro Zeiteinheit stattfindende Zunahme des Stromes in der ersten Spule mit M, dem Koeffizienten der gegenseitigen Induktion zwischen jener Spule und der zweiten, multiplizieren, so erhalten wir die elektromotorische Kraft der zweiten Spule, welche in dem betrachteten Momente dieser Zunahme entspricht.

Es sei L der Selbstinduktionskoeffizient des primären Kreises,
L' „ „ „ sekundären „
R und r' seien die Widerstände derselben und M der Koeffizient der gegenseitigen Induktion zwischen beiden.

Ziehe eine Linie CF von der Länge h und errichte senkrecht zu CF eine Gerade CE, an Gröſse gleich $\dfrac{M\pi}{RT}h$, so daſs also

$$\frac{M\pi}{RT} = \operatorname{tg} CFE.$$

Über CE als Durchmesser beschreibe einen Halbkreis auf der von CF abgewendeten Seite und trage den Winkel ECA ab, dessen Tangente gleich $\dfrac{L'\pi}{rT}$ ist. Von F ziehe FB senkrecht auf die Verlängerung von AC und verlängere BF bis G, so daſs

$$FG = \frac{M\pi}{rT} AC.$$

Auf CE schneide CD ab, so daſs sich CD zu CE verhält wie L zu M. Verbinde D mit G und bezeichne DG mit e.

Wenn dann e die elektromotorische Gesamtkraft für den primären Stromkreis in Phase und Gröſse darstellt, so wird CF oder h die elektromotorische Nutzkraft des primären Stromkreises und CA, das wir f nennen wollen, die elektromotorische Nutzkraft des sekundären Kreises ín Phase und Gröſse dar-

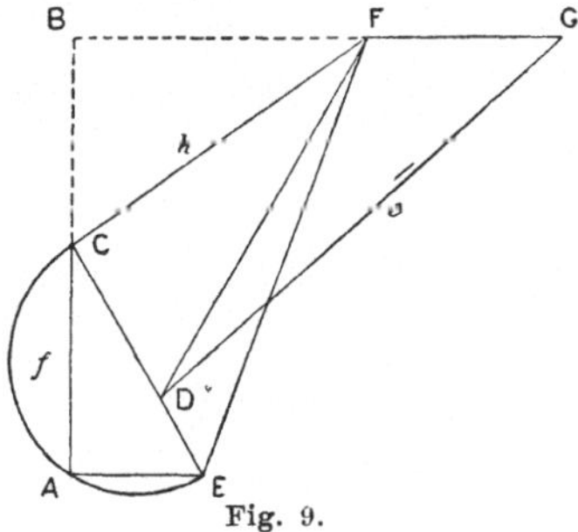

Fig. 9.

stellen. In anderen Worten, es würden Dynamometer, welche man in diese Stromkreise einführte, dieselbe Ablenkung geben, als ob die **konstanten** elektromotorischen Kräfte $\dfrac{h}{\sqrt{2}}$ und $\dfrac{f}{\sqrt{2}}$ bezw. in den Stromkreisen wirkten, und die Ablenkungswinkel wären proportional den Quadraten der Linien CF, bezw. AC.

Schreiben wir

$$tg\,\alpha = \frac{L\,\pi}{R\,T}, \quad \text{d. h.} \qquad \sphericalangle\,CFD = \alpha$$

$$tg\,\beta = \frac{L'\,\pi}{r\,T}, \qquad\qquad \sphericalangle\,ACE = \beta$$

$$tg\,\gamma = \frac{M\,\pi}{r\,T},$$

$$tg\,\delta = \frac{M\,\pi}{R\,T}, \qquad\qquad \sphericalangle\,CFE = \delta,$$

so haben wir aus der Figur

$$f = CE \cdot \cos\beta = h \cdot \cos\beta\,tg\,\delta \qquad\qquad (1$$

und ferner

$$e^2 = \overline{FG}{}^2 + \overline{FD}{}^2 - 2\,\overline{FD} \times \overline{FG}\cos(180 - [\beta + \alpha])$$
$$= f^2 tg^2\gamma + \frac{h^2}{\cos^2\alpha} + 2fh\frac{tg\,\gamma\cos(\beta + \alpha)}{\cos\alpha} \quad \ldots \ldots \quad (2$$

Nun ist nach Gleichung 1

$$\frac{f^2\,tg^2\gamma \cdot \cos^2\alpha}{h^2} = \cos^2\alpha\cos^2\beta \cdot tg^2\gamma \cdot tg^2\delta$$

und

$$\frac{2fh}{\cos\alpha} \cdot \frac{\cos^2\alpha}{h^2} \cdot tg\,\gamma\cos(\alpha + \beta) = 2\cos\alpha \cdot \cos(\alpha + \beta)\,tg\,\gamma \cdot \frac{f}{h} =$$
$$= 2\cos\alpha \cdot \cos(\alpha + \beta) \cdot tg\,\gamma\,tg\,\delta\cos\beta.$$

Daraus folgt für die Beziehung zwischen e und h

$$e^2 = \frac{h^2}{\cos^2\alpha}\left\{1 + \cos^2\alpha\cos^2\beta\,tg^2\gamma\,tg^2\delta + \right.$$
$$\left. + 2\cos\alpha\cos\beta\,tg\,\gamma\,tg\,\delta\cos(\alpha + \beta)\right\}$$

und für die Beziehung zwischen e und f

$$e^2 = \frac{f^2}{\cos^2\alpha\cos^2\beta\,tg^2\delta}\left\{1 + \cos^2\alpha\cos^2\beta\,tg^2\gamma\,tg^2\delta + \right.$$
$$\left. + 2\cos\alpha\cos\beta\,tg\,\gamma\,tg\,\delta\cos(\alpha + \beta)\right\}.$$

Setzt man nun der Kürze halber

$$tg\,\varphi = \cos\alpha\,\cos\beta\,tg\,\gamma\,tg\,\delta,$$

so folgt

$$\cos\varphi = \frac{1}{\sqrt{1 + tg^2\,\varphi}}$$

oder

$$\frac{1}{\cos^2\varphi} = 1 + \cos^2\alpha \cdot \cos^2\beta \cdot tg^2\,\gamma \cdot tg^2\,\delta.$$

Dann ist

$$e^2 = \frac{h^2}{\cos^2\alpha}\left\{1 + tg^2\,\varphi + 2\,tg\,\varphi\,\cos(\alpha+\beta)\right\}$$

$$= \frac{h^2}{\cos^2\alpha}\left\{\frac{1}{\cos^2\varphi} + \frac{2\sin\varphi}{\cos\varphi}\,\cos(\alpha+\beta)\right\}$$

$$= \frac{h^2}{\cos^2\alpha\,\cos^2\varphi}\left\{1 + 2\sin\varphi\,\cos\varphi\,\cos(\alpha+\beta)\right\}$$

$$= \frac{h^2}{\cos^2\alpha\,\cos^2\varphi}\left\{1 + \sin 2\,\varphi\,\cos(\alpha+\beta)\right\};$$

oder

$$h = \frac{e\,\cos\alpha\,\cos\varphi}{\sqrt{1 + \sin 2\,\varphi\,\cos(\alpha+\beta)}}.$$

Ähnlich ergibt sich

$$e^2 = \frac{f^2\,tg^2\,\gamma}{tg^2\,\varphi}\left\{1 + tg^2\,\varphi + 2\,tg\,\varphi\,\cos(\alpha+\beta)\right\}$$

$$= \frac{f^2\,tg^2\,\gamma \cdot \cos^2\varphi}{\sin^2\varphi}\left\{\frac{1}{\cos^2\varphi} + \frac{2\sin\varphi}{\cos\varphi}\,\cos(\alpha+\beta)\right\} =$$

$$= \frac{f^2\,tg^2\,\gamma}{\sin^2\varphi}\left\{1 + \sin 2\,\varphi\,\cos(\alpha+\beta)\right\}$$

oder

$$f = \frac{e\,\sin\varphi\,co\,tg\,\gamma}{\sqrt{1 + \sin 2\,\varphi\,\cos(\alpha+\beta)}}$$

Daraus ergeben sich nach passenden Vereinfachungen die Werte für die Ströme $\dfrac{h}{R}$ und $\dfrac{f}{r}$, ausgedrückt durch die Koeffizienten der Selbst- und gegenseitigen Induktion, die Widerstände und die Periode

$$\frac{h}{R} = \frac{e\,T\,(r^2\,T^2 + L'^2\,\pi^2)^{\frac{1}{2}}}{\sqrt{(M^2\,\pi^2 + R\,r\,T^2 - L\,L'\,\pi^2)^2 + \pi^2\,T^2\,(L\,r + L'\,R)^2}} \cdot \cdot (\alpha)$$

$$\frac{f}{r} = \frac{e\,T\,M\,\pi}{\sqrt{(M^2\pi^2 + R\,r\,T^2 - L\,L'\,\pi^2)^2 + \pi^2\,T^2\,(L\,r + L'\,R)^2}} \cdot\cdot\ (\beta)$$

Die Beziehung zwischen dem Strome der sekundären zu jenem der primären Spule ist einfach

$$\frac{M\,\pi}{\sqrt{r^2\,T^2 + L'^2\,\pi^2}} \quad\cdot\ \cdot\ \cdot\ \cdot\ \cdot\ \cdot\ \cdot\ \cdot\ \cdot\ (\gamma)$$

und die Beziehung der Dynamometerablesungen in den zwei Stromkreisen ist das Quadrat dieses Ausdruckes.

Die interessanten Experimente von Willoughby Smith über die Wirkung der Einführung von Metallmassen, oder wie er sie nannte, Schirmen, in das Feld zweier Spulen auf deren gegenseitige Induktion illustriert diesen Satz. Willoughby Smiths[*]) Apparat bestand aus zwei flachen Spulen, welche in einer bestimmten Entfernung von einander in parallelen Ebenen angeordnet waren. Die primäre Spule stand in Verbindung mit einer Batterie, die sekundäre war an ein empfindliches Galvanometer angeschlossen; überdies enthielten beide Stromkreise Stromwender, welche abwechselnd Galvanometer und Batterie so umschalteten, daſs die entgegengesetzt verlaufenden Induktionsströme das Galvanometer in der gleichen Richtung beeinfluſsten. Bei langsamer Stromwendung rief eine zwischen die Spulen gebrachte Kupferscheibe eine »Schirmwirkung« hervor, welche durch Steigerung der Geschwindigkeit der Stromwendung eine Verstärkung erfuhr. Obgleich in diesem Falle die Undulationen der primären elektromotorischen Kraft nicht harmonisch waren, sondern durch bloſse Stromwendung an den Polen der Batterie erzeugt wurden, waren doch zweifelsohne die in der sekundären Spule durch diesen Vorgang erzeugten Wirkungen den durch die Formeln illustrierten ähnlich. Aus der Figur übersieht man, daſs eine starke Zunahme von M in hohem Maſse das Verhältnis zwischen h und e verringern wird, daſs jedoch, wenn nicht L' bedeutend vergröſsert wird, die Zunahme von M den Wert von CE nicht so erheblich verändern wird, von welchem, zusammen mit L', die Gröſse von f abhängt.

Bei der Vorlesung, welche der Verfasser von Herrn Willoughby Smith hörte, schien die bedeutungsvollste Unterlassung der Mangel

---

[*]) The alternate current transformer. Dr. J. A. Fleming. London 1889. Auſserdem: Journal Soc. Tel. Engineers. 1883. XII. p. 458. The Electrician, 17. Novemb. 1883, p. 18.

eines Dynamometers in der primären Spule zu sein. Es ist höchst wahrscheinlich, dafs ein grofser Abfall in der Ablesung eines solchen Instrumentes bei Einbringung des Metalls in das Feld beobachtet worden wäre, selbst wenn das Dynamometer im sekundären Stromkreise keinen Abfall des Stromes angezeigt hätte. Die Unrichtigkeit der Vorstellung von der Schirmwirkung wäre durch ein solches Experiment klargelegt worden, denn sie hätte den Anschein erweckt, als ob der Schirm eine Aufrechterhaltung des Effektes der Radiation auf den empfangenden Stromkreis ermöglicht hätte, trotzdem die Quelle der Radiation selbst schwächer geworden war. Ich habe diesen Punkt auch durch ein Experiment illustriert.

Eine Batterie, eine Stimmgabel und die primäre Spule eines Ruhmkorffschen Apparates wurden in Serie geschaltet. Der gewöhnliche Hammer desselben war festgehalten, um den Kontakt zu bilden, während die Stimmgabel an seiner Stelle als Vibrator diente. Im sekundären Stromkreise war ein Bell-Telephon angeordnet. Der Kern wurde entfernt und der Apparat in Thätigkeit gesetzt, so dafs die Stimmgabel und das Telephon den gleichen Ton ergaben. Bei Einführung des Kernes an seinen Platz innerhalb der Spulen wurde die Intensität des Tones des Telephons erhöht, während jener der Stimmgabel abnahm. Die Periode war $\frac{1}{430}$ einer Sekunde, so dafs die Stimmgabel das A oberhalb des Tenor-C ergab. Um den Effekt auf die Stimmgabel hörbarer zu machen, ist es empfehlenswert, das Telephon zum Schweigen zu bringen. Dies kann bequem so gemacht werden, dafs man etwa 15 cm unterhalb des nach abwärts gekehrten Schalltrichters ein Stück Papier verbrennt.

Figur und Formeln zeigen auch, dafs, wenn bei sonst gleichen Verhältnissen die Periode vermindert wird, die elektromotorischen Nutzkräfte im primären und sekundären Stromkreise im Vergleiche zur elektromotorischen Gesamtkraft abnehmen. Die Gleichung γ aber zeigt, dafs durch eine Verringerung von T, d. h. durch eine Beschleunigung der Alternationen, das Verhältnis des Stromes im sekundären Stromkreise zu jenem im primären gröfser wird. Ähnlich konnte in jenem Teile von Herrn Smiths Experimenten, welcher von der Erhöhung der Stromwechsel handelt, kaum behauptet werden, die Energie sei durch Schirmwirkung verringert. Denn ein Dynamometer in der primären Spule hätte einen stärkeren Abfall des Stromes in diesem Stromkreise als im sekundären angegeben. Einen solchen Effekt der Schirmwirkung zuzuschreiben, wäre gerade so, als ob ein unter der Strahlung eines Ofens Leidender die Verminderung der Radiation durch blofse Schirmwirkung erklären wollte, nachdem er zwischen sich und den Ofen einen Schirm gezogen hatte, welcher durch die Überführung in diese Mittelstellung mittels besonderer Mechanismen einen Eimer Wasser in das Feuer gofs.

Drittes Kapitel.

Kondensatoren.

Vor der Anwendung der geometrischen Methode auf die Darstellung der Stromverhältnisse in einem mit elektrischer Kapazität behafteten Stromkreise müssen wir genau feststellen, was unter Kapazität zu verstehen ist. Eine Anordnung besitzt dann Kapazität, wenn das Zuströmen und die Anhäufung einer bestimmten Elektrizitätsmenge erforderlich ist, bevor diese Anordnung eine Potentialerhöhung erkennen läfst. Wenn die Potentialerhöhung gerade der zuströmenden Elektrizitätsmenge proportional ist, so nennt man die Kapazität des Kondensators konstant und mifst dieselbe durch jene Elektrizitätsmenge, welche eine Potentialerhöhung um die Einheit hervorruft. Man hat behauptet, ein Voltameter sei kein Kondensator; aber mit Unrecht. Auch hier ist das Zuströmen und die Anhäufung von Elektrizität notwendig, bevor die Elektroden einen Potentialunterschied aufweisen. Tritt dieser Zustand ein, so ist die begleitende Erscheinung nicht eine statische Ladung, sondern eine Zersetzung der Flüssigkeit und ein beginnender oder regelmäfsig fortschreitender Niederschlag der Produkte der Elektrolyse · auf die Elektroden. Wie in dem Anfangszustande, mit welchem wir es bei Wechselströmen zu thun haben, die in das Voltameter geführte Elektrizitätsmenge mit der an den Elektroden sich zeigenden Potentialdifferenz zusammenhängt, ist nicht bekannt. Der Kondensator dieser Art kann also eine unkonstante Kapazität besitzen und mag imstande sein, die harmonische Natur der Alternationen zu stören, selbst wenn die Variation der elektromotorischen Gesamtkraft eine genau harmonische war. Bei der gebräuchlichen Art von Kondensatoren jedoch, welche konstante Kapazität besitzen, wird nach ihrer Einbringung in das System zwar eine Neuanordnung der Stromwerte in den einzelnen

Teilen erfolgen; jeder Strom aber wird seinen harmonischen Charakter bewahren.

Angenommen, *AB, BC, CD* u. s. w. seien die einander folgenden Seiten eines offenen Polygons und stellten die Werte von Strömen dar, welche bei gleicher Periode Elektrizität in harmonischer Variation nach und von einem Punkte führten.

Da nun die pro Zeiteinheit ankommende Elektrizitätsmenge in jedem Momente durch die Summe der Projektionen der einzelnen Linien auf eine feste Linie dargestellt ist, und die Summe dieser Projektionen gleichwertig ist mit der Projektion der Verbindungsgeraden *AD* zwischen den Endpunkten, so wird die ankommende Elektrizitätsmenge einem Strome vom Werte *AD* entsprechen.

Wie viele harmonische Ströme von gleicher Periode also auch zu oder von dem Kondensator fliefsen mögen, und welches auch immer ihre Phasenunterschiede seien: stets wird ihre Ladewirkung auf den Kondensator so sein, als ob ein harmonischer Strom gleicher Periode und in bestimmter Phase gegen die vorhandenen Ströme wirkte. Dieser Strom mag der effektive Strom oder Nutzstrom genannt werden.

Wir müssen also die Wirkung des Zuströmens einer harmonisch variierenden Elektrizitätsmenge auf einen Kondensator von konstanter Kapazität betrachten, denn diese Elektrizitätsmenge, pro Zeiteinheit genommen, ist eben der Nutzstrom.

So lange der Strom positiv ist, wächst die Ladung fortwährend und umgekehrt nimmt die Ladung des Kondensators fortwährend ab, wenn der Strom von dem Kondensor abfliefst. Die Ladung ist also am gröfsten, wenn der Strom durch Null vom Positiven zum Negativen wechselt, und am kleinsten, wenn der Strom durch Null vom Negativen zum Positiven übergeht.

Wir wollen von diesem letzteren Punkte ausgehen und die Anhäufung von Elektrizität in einer gegebenen Zeit bestimmen. Wenn T die halbe Periode ist, so ist der Winkel, welchen die den Strom darstellende Gerade in der Zeit t zurücklegt, gleich $t\,\dfrac{\pi}{T}$. Dieser Winkel sei a. θ stelle irgend einen Winkel vor, welchen die Gerade zwischen 0 und a zu einem bestimmten Zeitpunkte zurückgelegt hat.

Wenn dann c der Maximalwert des Stromes ist, so wird $c \sin \theta$ der Wert desselben im betrachteten Momente sein. Wüfsten

2*

wir also den Mittelwert dieses Stromes zwischen den Werten θ, Null und a, so hätten wir denselben nur mit der Zeit t zu multiplizieren, um den Wert der Elektrizitätsanhäufung zu erhalten. Der Faktor c ist konstant; die Ansammlung hängt also nur noch von dem Mittelwerte von $\sin \theta$ zwischen 0 und a ab.

Der folgende Hilfssatz gibt eine Art der Auffindung des gesuchten Wertes ohne Anwendung der Integralrechnung.

2. Geometrischer Satz.

Es ist der Mittelwert von $\sin \theta$ und $\cos \theta$ zu bestimmen, wenn θ von 0 bis a gleichförmig variiert.

Es seien für diesen Fall $S(a)$ und $C(a)$ die gesuchten Mittelwerte von $\sin a$ und $\cos a$.

Nun mag der Cosinus irgend eines Winkels zwischen 0 und a ausgedrückt werden durch $\cos\left(\dfrac{a}{2} + \varphi\right)$ oder $\cos\left(\dfrac{a}{2} - \varphi\right)$, wo φ alle Werte von 0 bis $\dfrac{a}{2}$ annehmen kann.

Dann können alle Werte von θ paarweise so gruppiert werden, dafs $\left(\dfrac{a}{2} + \varphi\right)$ und $\left(\dfrac{a}{2} - \varphi\right)$ stets ein Paar bilden, in welchem φ von 0 bis $\dfrac{a}{2}$ variiert.

Nun ist

$$\cos\left(\frac{a}{2} + \varphi\right) = \cos\frac{a}{2}\cos\varphi - \sin\frac{a}{2}\sin\varphi,$$

und

$$\cos\left(\frac{a}{2} - \varphi\right) = \cos\frac{a}{2}\cos\varphi + \sin\frac{a}{2}\sin\varphi.$$

Somit ist der Mittelwert eines solchen Paares von Cosinuswerten $\cos\left(\dfrac{a}{2} + \varphi\right)$ und $\cos\left(\dfrac{a}{2} - \varphi\right)$ gleich $\cos\dfrac{a}{2}\cos\varphi$.

Der Mittelwert von $\cos\theta$, wo θ von 0 bis a gleichförmig variiert, hängt also von dem Mittelwerte von $\cos\varphi$ ab, wo φ von 0 bis $\dfrac{a}{2}$ gleichförmig variiert. Es ist also

$$C(a) = \cos\frac{a}{2}\, C\left(\frac{a}{2}\right).$$

Ähnlich ist $\quad C\left(\dfrac{a}{2}\right) = \cos\dfrac{a}{4}\, C\left(\dfrac{a}{4}\right).$

Also
$$C(a) = \cos \frac{a}{2} \cos \frac{a}{4} \ldots \ldots \ldots \cos \frac{a}{2^n} \, C\left(\frac{a}{2^n}\right).$$

Der Winkel $\frac{a}{2^n}$ wird unendlich klein, wenn n unendlich grofs wird, und da sich der Mittelwert des Cosinus eines unendlich kleinen Winkels der Einheit nähert, so ist $C\left(\frac{a}{2^n}\right)$ gleich der Einheit, wenn n unendlich grofs ist.

Deshalb ist
$$C(a) = \cos \frac{a}{2} \cos \frac{a}{4} \cos \frac{a}{8} \ldots \ldots \text{ ad infinitum.}$$

Nach den Gesetzen der Trigonometrie aber ist
$$\sin a = 2 \cdot \cos \frac{a}{2} \cdot \sin \frac{a}{2}$$
$$= 2^2 \cdot \cos \frac{a}{2} \cos \frac{a}{4} \cdot \sin \frac{a}{4}$$
$$= a \cdot \frac{2^n}{a} \cdot \cos \frac{a}{2} \cdot \cos \frac{a}{4} \cdot \cos \frac{a}{8} \ldots \ldots \cos \frac{a}{2^n} \cdot \sin \frac{a}{2^n}$$
$$= a \cdot \cos \frac{a}{2} \cos \frac{a}{4} \cos \frac{a}{8} \ldots \ldots \cos \frac{a}{2^n} \left(\frac{\sin \frac{a}{2}}{\frac{a}{2^n}} \right),$$

und wenn n unendlich grofs wird, so wird
$$\frac{\sin \frac{a}{2^n}}{\frac{a}{2^n}} = 1.$$

Also ist
$$\sin a = a \cdot \cos \frac{a}{2} \cos \frac{a}{4} \cos \frac{a}{8} \ldots \ldots \text{ ad infinitum,}$$
und deshalb
$$C(a) = \frac{\sin a}{a} \qquad \ldots \ldots \ldots \ldots (\alpha)$$

oder der Mittelwert von $\cos \theta$, wenn θ gleichförmig von 0 bis a variiert, ist durch den Quotienten $\frac{\sin a}{a}$ gegeben.

In ähnlicher Weise ist
$$\sin\left(\frac{a}{2} + \varphi\right) = \sin \frac{a}{2} \cos \varphi + \cos \frac{a}{2} \sin \varphi$$

und

$$\sin\left(\frac{a}{2} - \varphi\right) = \sin\frac{a}{2}\cos\varphi - \cos\frac{a}{2}\sin\varphi.$$

Deshalb ist der Mittelwert des Paares von Sinuswerten,
$\sin\left(\frac{a}{2} + \varphi\right)$ und $\sin\left(\frac{a}{2} - \varphi\right)$ gleich $\sin\frac{a}{2}\cos\varphi$.

Der Mittelwert des $\sin\theta$, wo θ sich gleichförmig von 0 bis a ändert, hängt also von dem Mittelwerte von $\cos\varphi$ ab, wo φ von 0 bis $\frac{a}{2}$ variiert:

$$S(a) = \sin\frac{a}{2}\, C\left(\frac{a}{2}\right).$$

Nach dem ersten Teile dieses Satzes aber ist der Mittelwert von $C\left(\frac{a}{2}\right)$ bereits bestimmt worden als

$$\frac{\sin\dfrac{a}{2}}{\dfrac{a}{2}}.$$

Also ist

$$S(a) = \frac{\sin^2\dfrac{a}{2}}{\dfrac{a}{2}} = \frac{1 - \cos a}{a} \qquad \ldots \ldots \quad (\beta)$$

Dieser Ausdruck gibt also den Mittelwert von $\sin\theta$, wenn θ von 0 bis a variiert.

Wir können jetzt das elektrische Problem behandeln; der Elektrizitätszufluſs, der von einem harmonischen Strome c in einer Zeit t, gerechnet vom Nullwerte des Stromes an, erzeugt wird, ist gegeben durch

$$t\,c\; S\left(\frac{t\pi}{T}\right)$$

oder

$$\left. \begin{aligned} t\,c \times \frac{1 - \cos\dfrac{t\pi}{T}}{\dfrac{t\pi}{T}} &= \frac{T\,c}{\pi}\left(1 - \cos\frac{t\pi}{T}\right) \\[2ex] &= \frac{T\,c}{\pi} - \frac{T\,c}{\pi}\cdot\sin\left(\frac{\pi}{2} - \frac{t\pi}{T}\right) \end{aligned} \right\} \quad \ldots\; (\gamma)$$

und der totale Zufluſs während einer halben Periode ist also gleich $\frac{2\,T\,c}{\pi}$, d. h. gleich dem Werte des obigen Ausdruckes für $t = T$.

Während der zweiten Hälfte der Periode wird diese Elektrizitätsmenge dem Kondensator entzogen.

Während der ersten Viertelperiode ist der Zufluſs $\dfrac{Tc}{\pi}$ oder gleich der Hälfte der ganzen Elektrizitätsmenge, und da es zweckmäſsig ist, stets von einem mittleren Werte einer harmonisch variierenden Gröſse zu rechnen, können wir $\dfrac{Tc}{\pi}$ als den Zu- oder Abfluſs von Elektrizität in irgend einer der Viertelperioden zu oder von dem mittleren Werte ansehen.

Der Ausdruck (γ) zeigt, daſs die Variation des Zuflusses harmonisch und um eine Viertelperiode in Richtung der Verzögerung gegen den Strom verschoben ist; die Ladung erreicht ihren Maximalwert also erst dann, wenn der Strom den seinigen um eine Viertelperiode überschritten hat, so daſs das Zeitintervall zwischen diesen Werten $\dfrac{T}{2}$ beträgt.

Wenn also der Kondensator konstante Kapazität besitzt, so wird die Potentialdifferenz seiner Platten harmonischen Variationen unterworfen und in einem Diagramm elektromotorischer Kräfte senkrecht zu einer Linie einzuzeichnen sein, welche in gleicher Phase mit dem effektiven Strome ist; und zwar hat diese Einzeichnung in Richtung der Verzögerung zu geschehen. Wenn C die Kapazität des Kondensators ist, so wird die Amplitude der Potentialdifferenz seiner Platten $\dfrac{1}{C}\dfrac{Tc}{\pi}$ sein, und diese E. M. K. wird beim Wechsel der Stromrichtung existieren.

Im nächsten Kapitel werden wir die Wirkungen der Verbindung zweier Punkte eines Stromkreises mit den Platten eines Kondensators betrachten.

Viertes Kapitel.

Kondensator im Stromkreis.

Bevor wir einige der Effekte der Selbstinduktion und gegenseitigen Induktion auf die praktischen Anwendungen der Elektrizität diskutieren, erscheint es angebracht, die Wirkungen eines Kondensators zu betrachten, dessen Platten an verschiedene Punkte eines von Wechselstrom durchflossenen Stromkreises angeschlossen sind; denn wir werden finden, daſs in Fällen, wo sowohl Kapazität, als auch Induktionskoeffizienten vorhanden sind, dieselben einander nicht nur in ihren Wirkungen beeinflussen, sondern auch imstande sind, die Wirkungen des Widerstandes zu verdecken. Es kann bei passender Abgleichung der in Betracht kommenden Gröſsen sogar erreicht werden, daſs durch einen Widerstand, der keinen geschlossenen Stromkreis bildet, eben jener Strom flieſst, welcher denselben auch passieren würde, wenn seine Enden vereinigt, der so entstandene Stromkreis aber frei von Kondensatoren und Induktionskoeffizienten wäre.

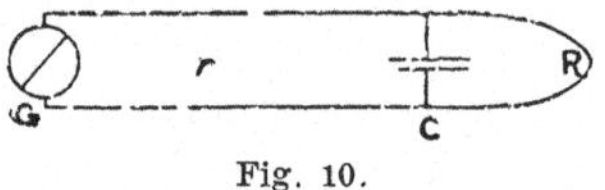

Fig. 10.

In Fig. 10 sei G eine Quelle harmonisch variierender elektromotorischer Kraft, welche auf einen Stromkreis vom Gesamtwiderstande $R + r$ arbeitet; im Punkte C sei ein Kondensator von der Kapazität C derart angebracht, daſs der bei den Kondensatorplatten endende Stromkreis, der die Quelle G enthält, den Widerstand r besitzt, während der entferntere Teil den Widerstand R hat. Wir setzen überdies voraus, daſs in keinem der Teile des Leiters Selbstinduktion vorhanden sei. Nimm eine gerade Linie OC, welche in passendem Maſsstabe die elektromotorische Kraft darstellen möge, und teile OC in D so, daſs $OD : DC = r : R$.

Dann berechne die Gröſse

$$\frac{C \pi R r}{T (R + r)},$$

wo T die halbe Periode ist. Nach der Natur der zur Verwendung gelangenden Gröſsen muſs dieser Ausdruck notwendigerweise ein positiver Zahlenwert sein; er kann deshalb als Tangente eines Winkels in einem Diagramm dargestellt werden, in welchem, wie zuvor, die Linien elektromotorische Kräfte sind.

Trage an OC in Richtung der Verzögerung den Winkel OCE an, dessen Tangente diesen Wert besitzt. Von D ziehe DE senkrecht zu CE und verbinde E und O. Dann werden OE und EC in Phase und Gröſse die elektromotorischen Nutzkräfte in den beiden Teilen des Stromkreises vorstellen. Es wird nämlich der in r hervorgerufene Strom von einer elektromotorischen Kraft OE herrühren, welche auf einen einfachen Stromkreis vom Widerstande r wirkt, und der in R erzeugte Strom wird einer elektromotorischen Kraft EC entsprechen, welche an einem einfachen Stromkreise vom Widerstand R wirkt. Um dies zu beweisen, verlängere CE bis F und ziehe OF senkrecht zu CF.

Zunächst bemerkt man, daſs die Potentialdifferenz der Kondensatorplatten die elektromotorische Nutzkraft im Stromkreise R bildet. Der Unterschied zwischen der entstehenden E. M. K. und jener der Kondensatorplatten bildet die elektromotorische Nutzkraft im Stromkreise r.

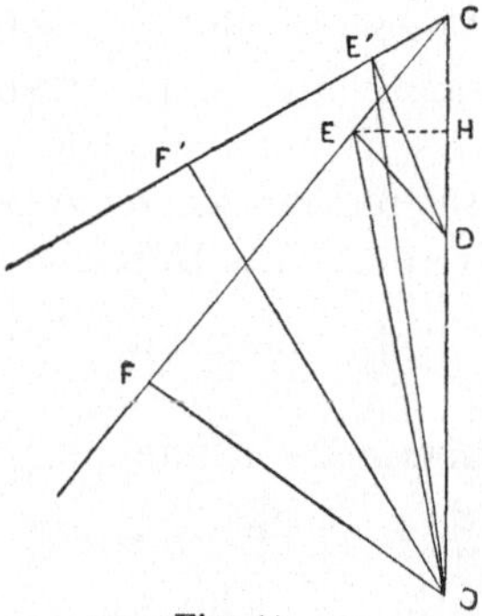

Die entstehende E. M. K. aber ist OC. Wenn also EC die dem Kondensator zukommende E. M. K. repräsentiert, d. h. die elektromotorische Nutzkraft im Kreise R, so folgt, daſs OE die elektromotorische Nutzkraft im Abschnitte r darstellt, die zwei zu beweisenden Punkte gelten oder fallen also miteinander.

Fig. 11.

Wenn EC nicht die elektromotorische Nutzkraft im Stromkreise R ist, sei $E'C$ dieser Wert in Phase und Gröſse. Verbinde E' und O, E' und D und ziehe OF'' parallel DE'.

Da nun $E'C$ die elektromotorische Nutzkraft in R darstellt, so ist $\qquad OE'$ „ „ „ „ „ r.

Also ist $\dfrac{E'C}{R}$ der Nutzstrom $\qquad$ „ R

und $\qquad \dfrac{OE'}{r}$ „ „ $\qquad$ „ r; nun verhält sich $\quad F'E' : E'C = OD : DC$, weil OF'' parallel ist DE'.

Also $\quad F'E' : E'C = r : R$

und somit $\quad \dfrac{F'E'}{r} = \dfrac{E'C}{R}$.

Deshalb ist $\dfrac{F'E'}{r}$ der effektive Strom in R.

und da $\qquad \dfrac{OE'}{r}$ „ „ „ „ r ist, so sind

$\dfrac{OE'}{r}$ und $\dfrac{E'F'}{r}$ diese, Elektrizität in den Kondensator führenden Ströme, wobei der positive Strom in R natürlich in Bezug auf die Ladung des Kondensators negativ zu nehmen ist. Diese zwei sind aber die einzigen den Kondensator beeinflussenden Ströme; also ist $\dfrac{OF''}{r}$ der effektive Ladestrom des Kondensators, — mit anderen Worten, die Phase und Größe der elektromotorischen Nutzkraft, welche durch den Widerstand r den Ladestrom hervorruft, ist durch die Linie OF'' dargestellt. Nun muß aber, wie im letzten Kapitel bewiesen wurde, die Phase des Ladestromes um eine Viertelperiode sich von jener der Potentialdifferenz der Kondensatorplatten unterscheiden.

Es muß also OF'' rechtwinkelig zu CE' und der Winkel $DE'C$ ein rechter Winkel sein. Deshalb muß E' auf dem Umfange eines über CD als Durchmesser beschriebenen Halbkreises liegen.

Da weiterhin $\dfrac{OF''}{r}$ der effektive Ladestrom ist, so beträgt die maximale Ansammlung von Elektrizität $\dfrac{OF''}{r} \cdot \dfrac{T}{\pi}$ und somit wird die Potentialdifferenz der Platten des Kondensators gleich $\dfrac{OF''}{r} \cdot \dfrac{T}{\pi} \cdot \dfrac{1}{C}$ sein, wenn C seine Kapazität ist. Dieser Ausdruck muß also gleich $E'C$ sein.

Nun ergibt sich aber aus den ähnlichen Dreiecken

$$OF'' : E'D = CO : CD$$
$$= (R + r) : R.$$

Somit ist $\qquad OF'' = E'D \, \dfrac{R+r}{R}$

und deshalb $E'D \, \dfrac{(R+r)\,T}{r\,R\,\pi\,C} = E'C.$

Oder $\quad \dfrac{E'D}{E'C} = \dfrac{C\,\pi\,R\,r}{T(R+r)} = \operatorname{tg} DCE$ nach der Konstruktion.

Es muß also $\operatorname{tg} DCE' = \operatorname{tg} DCE$ sein, oder es muß CE' in der Richtung mit CE zusammenfallen. Und da außerdem E' auf dem Halbkreise über DC liegt, so kann dieser Punkt nur mit dem Punkte E zusammenfallen. EC ist somit die elektromotorische Nutzkraft in R und folglich auch OE die E. M. K. in r.

Der einzige noch als richtig nachzuweisende Punkt ist die Richtung, in welcher der Winkel OCE angetragen wurde. Wäre er nach der anderen Seite an OC gelegt worden, so hätte offenbar EC seinen Maximalwert um eine Viertelperiode v o r dem Ladestrom $\dfrac{OF}{r}$ erreicht, was undenkbar ist. Somit ist die Konstruktion als vollkommen richtig erwiesen.

Nach der Entstehung der Figur ist klar, daſs OE stets gröſser als OD sein muſs. Wäre kein Kondensator im Systeme gewesen, so wäre OD die elektromotorische Nutzkraft im Widerstande r gewesen. Der Effekt des Kondensators war also eine Erhöhung der elektromotorischen Nutzkraft in diesem Abschnitte und eine daraus resultierende Erhöhung des von ihr hervorgerufenen Stromes.

Andererseits muſs notwendigerweise EC stets kleiner als CD sein, welche Linie die Hypothenuse des rechtwinkligen Dreiecks bildet, dessen eine Kathete EC ist. Ohne den Kondensator aber wäre CD die elektromotorische Nutzkraft jenes Abschnittes gewesen, dessen Widerstand R ist. Die Wirkung des Kondensators im Systeme auf diesen Abschnitt desselben wird also eine Verminderung des Stromes sein.

Wenn deshalb vor Einbringung des Kondensators der ganze Stromkreis eine Anzahl von in Serie geschalteten Glühlampen enthält, wird der Anschluſs an die Platten des Kondensators verschiedene Wirkungen auf die Lampen in den beiden Teilen des Stromkreises haben. Das Licht der zwischen dem Kondensator und der Stromquelle liegenden Lampen wird eine Zunahme erfahren, während die in dem entfernteren Abschnitte liegenden Lampen dunkler leuchten werden. Dieser Effekt hängt ausschlieſslich von dem Werte der Tangente des Winkels OCE ab, welcher gleich $\dfrac{C\,\pi\,R\,r}{T\,(R+r)}$ ist; der Effekt steigert sich also mit wachsender Kapazität des Kondensators und mit abnehmender Periode.

Es wäre jetzt zu betrachten, wie sich die aufgewendete Arbeit durch Einbringung des Kondensators in den Stromkreis ändert. Im ersten Kapitel ist nachgewiesen worden, daſs die Arbeit der Quelle irgend einer harmonisch variierenden E. M. K. gleich ist dem halben Produkte aus der E. M. K. und dem entstehenden Strome, multipliziert mit dem Cosinus ihres Phasenunterschiedes.

Im vorliegenden Falle ist die E. M. K. des Generators OC; der Strom ist $\dfrac{OE}{r}$.

Die Arbeit ist also $\dfrac{OC \cdot OE}{2\,r} \cdot \cos COE.$

Wenn EH senkrecht zu OC gezogen wird, ist
$$OH = OE \cos COE.$$

Also ist die aufgewandte Arbeit gleich $\dfrac{OC \cdot OH}{2r}$.

Wäre kein Kondensator vorhanden gewesen oder wäre die Kapazität des Kondensators verschwunden gewesen, so wäre OH mit OD zusammengefallen, und die Arbeit wäre $\dfrac{OC \cdot OD}{2r}$ gewesen.

Der Effekt des Kondensators war also eine Veränderung der Arbeit im Verhältnisse $OD : OH$.

Da OH stets gröfser ist als OD, mufs die Veränderung stets eine Zunahme sein und wir können deshalb mit Recht annehmen, dafs eine solche Anordnung mit Vorteil bei der Regulierung der Lampenhelligkeit angewendet werden könnte. Obgleich nämlich in dem entfernteren Abschnitte das Licht durch die Einführung des Kondensators leidet, findet im ganzen eine Erhöhung der geleisteten Arbeit statt.

Die thatsächlichen Werte der Arbeiten sind $\dfrac{OE^2}{2r}$ in dem Abschnitte des Generators und $\dfrac{EC^2}{2R}$ im entlegeneren Abschnitte.

Natürlich ergeben diese Werte als Summe die Arbeit der Quelle, $\dfrac{OC \cdot OH}{2r}$, wie man leicht an Hand der Figur nachweisen kann. Wir können jedoch die in den zwei Kreisen auftretenden Arbeiten als die Produkte gewisser Linien der Figur darstellen, welche den gleichen Nenner besitzen, so dafs sie nach der blofsen Multiplikation der mit dem Stechzirkel abgegriffenen Mafse vergleichbar sind.

Die Energie der entlegeneren Abteilung ist $\dfrac{EC^2}{2R}$; es verhält sich aber $EC : EF = R : r$, also $\dfrac{EC}{R} = \dfrac{EF}{r}$. Der Ausdruck für die Arbeit wird dann $\dfrac{EC \cdot EF}{2r}$, während der für den zunächst dem Generator gelegenen Abschnitt des Stromkreises $\dfrac{OE^2}{2r}$, der für die Stromquelle $\dfrac{OC \cdot OH}{2r}$ ist. Die drei Werte können also miteinander verglichen werden, indem man
$$EC \cdot EF, \; OE^2, \; OC \cdot OH \text{ mifst.}$$

Da auch
$$CH : CE = FE : DO, \text{ folgt } CE \cdot FE = CH \cdot DO.$$
Deshalb verhalten sich die drei Werte der Arbeiten wie
$$CH \cdot DO : OE^2 : OC \cdot OH;$$
und wir haben nur durch $2\,r$ zu dividieren, um die wahren Werte zu erhalten.

Fünftes Kapitel.

Mehrere Kondensatoren.

Die Überlegung für den Fall, wo der Stromkreis durch einen Kondensator überbrückt ist, läfst sich mit Leichtigkeit auf jenen Fall ausdehnen, wo in verschiedenen Punkten Kondensatoren angebracht sind, wie Fig. 12 dies veranschaulicht.

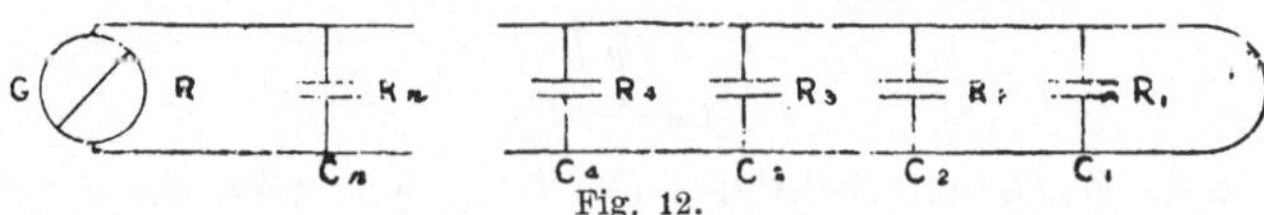

Fig. 12.

In dieser Figur ist G ein Stromerzeuger, und der Stromkreis ist an verschiedenen Punkten C_1, C_2, u. s. w. durch Kondensatoren von der Kapazität C_1, C_2, u. s. w. überbrückt. R_1 ist der Widerstand des entlegensten Abschnittes, R_2 jener des Abschnittes zwischen den Kondensatoren C_1 und C_2, R_3 jener des Abschnittes zwischen den Kondensatoren C_2 und C_3, und in ähnlicher Weise fort bis zu C_n, wo der letzte Kondensator angeordnet ist. R ist der Widerstand jenes Abschnittes, der den Stromerzeuger enthält. Vorausgesetzt wird aufserdem, dafs in keinem der Abschnitte Selbstinduktion vorhanden ist.

Soweit nun die zwei letzten Abschnitte in Betracht kommen, wird die Stromverteilung ähnlich dem bereits behandelten Falle sein, wenn die Potentialdifferenz der Platten des Kondensators C_1 die Rolle der E. M. K. des äufseren Feldes übernimmt. Nehmen wir also an, $E_1\,C$ (Fig. 13) sei die Potentialdifferenz

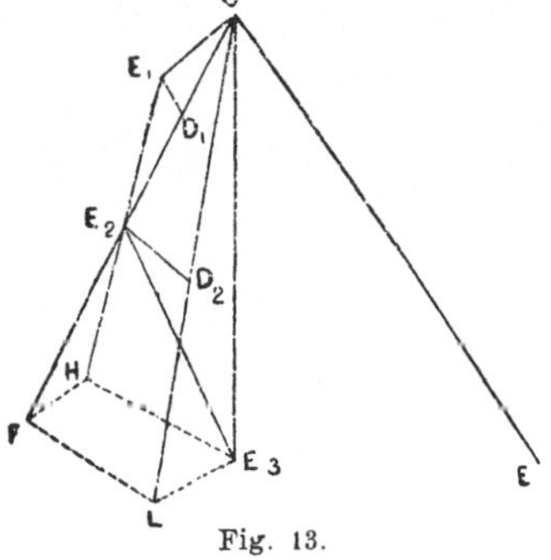

Fig. 13.

der Platten des Kondensators C_1, welche wir der Kürze halber als die E. M. K. des Kondensators C_1 bezeichnen wollen.

Trage in Richtung der Voreilung den Winkel $E_1\,CD_1$ auf, dessen Tangente gleich

$$\frac{C_1\,\pi\,R_1\,R_2}{T\,(R_1 + R_2)}$$

ist. Ziehe $E_1\,D_1$ senkrecht zu $E_1\,C$ bis zum Schnittpunkte D_1 mit CD_1 und verlängere CD_1 bis E_2, so daſs $CD_1 : D_1\,E_2 = R_1 : R_2$. Ziehe $E_1\,E_2$. Dann ist $E_2\,C$ die elektromotorische Gesamtkraft, soweit nur die zwei entlegensten Abschnitte in Betracht kommen. Deshalb ist $E_2\,C$ die E. M. K. des Kondensators C_2 und $\dfrac{E_2\,E_1}{R_2}$ ist der Strom in R_2.

Trage jetzt in Richtung der Voreilung den Winkel $E_2\,CD_2$ auf, dessen Tangente gleich

$$\frac{C_2\,\pi\,R_2\,R_3}{T\,(R_2 + R_3)}$$

ist und ziehe $E_2\,D_2$ senkrecht zu CE_2. Verlängere CD_2 bis L, so daſs $CD_2 : D_2\,L = R_2 : R_3$ und ziehe LF parallel zu $D_2\,E_2$ bis zum Schnittpunkte F mit der Verlängerung von CE_2.

Verlängere $E_1\,E_2$ bis H, so dass $E_1 E_2 : E_2 H = R_2 : R_3$. Verbinde F mit H und ziehe HE_3 parallel und gleich mit FL. Dann ist $E_3\,C$ die E. M. K. des Kondensators C_3 und $\dfrac{E_3\,E_2}{R_3}$ ist der Strom in R_3.

Diese Behauptungen werden durch die folgenden Überlegungen bewiesen. Erstens ist $\dfrac{LF}{R_3}$ der effektive Ladestrom für den Kondensator C_2, weil nach der Konstruktion

$$\frac{LF}{FC} = tg\,FCL = \frac{C_2\,\pi\,R_2\,R_3}{T\,(R_2 + R_3)}$$

und

$$\frac{FC}{E_2\,C} = \frac{R_2 + R_3}{R_2}\ \text{ ist.}$$

Deshalb ist $\dfrac{LF}{E_2\,C} = \dfrac{C_2\,\pi\,R_3}{T}$, oder $\dfrac{LF}{R_3} \cdot \dfrac{T}{\pi} \cdot \dfrac{1}{C_2} = E_2\,C$.

Deshalb ist auf Grund der unten auf Seite 23 gegebenen Formel $\dfrac{LF}{R_3}$ der effektive Ladestrom für den Kondensator C_2, auch in der richtigen Phase, da LF rechtwinklig zu CE_2 steht.

Nun ist aber $E_3 H$ parallel und gleich mit LF; deshalb ist auch durch $\dfrac{E_3 H}{R_3}$ der effektive Ladestrom für den Kondensator C_2. dargestellt.

Zweitens ist $\dfrac{E_2 E_1}{R_2}$ ein thatsächlich den Kondensator C_2 beeinflussender Strom, welcher von dem Kondensator weg durch den Abschnitt R_2 fliefst.

Als ein Elektrizität anhäufender Strom betrachtet, ist er $\dfrac{E_1 E_2}{R_2}$.

Nun verhält sich $E_2 H : E_1 E_2 = R_3 : R_2$. Also $\dfrac{E_2 H}{R_3} = \dfrac{E_1 E_2}{R_2}$.

Also ist $\dfrac{E_2 H}{R_3}$ einer der Ströme, welche zusammen den effektiven Ladestrom $\dfrac{E_3 H}{R_3}$ ergeben. Deshalb ist $\dfrac{E_3 E_2}{R_3}$ die andere Komponente, d. h. $E_3 E_2$ ist die elektromotorische Nutzkraft im Stromkreise R_3.

Da diese wieder die Resultante der vereinigten gleichzeitigen Wirkung der elektromotorischen Kräfte der zwei Kondensatoren C_2 und C_3 auf den Widerstand R_3 ist, und $E_2 C$ die E. M. K. des Kondensators C_2 darstellt, so folgt, dafs $E_3 C$ die E. M. K. des Kondensators C_3 sein mufs.

Es ist klar, dafs wir durch Weiterführung der Konstruktion in der nämlichen Weise für sämtliche Abschnitte schliefslich zu einer Linie CE gelangen, welche die E. M. K. jener Maschine darstellt, welche zur Erzeugung der angeführten Ströme erforderlich wäre.

Es wäre schwierig, aus der Schlufslinie CE ein Diagramm zu konstruieren; doch ist dieser Vorgang unnötig, da der wirkliche Wert der elektromotorischen Gesamtkraft nur den Mafsstab beeinflufst, mit welchem die verschiedenen Linien gemessen werden müssen, nicht aber die Winkel oder relativen Gröfsen der Linien in dem Diagramm. Wenn also für die schliefslich sich ergebende Gerade der passende Mafsstab gegeben ist, damit dieselbe der E. M. K. des Generators entspricht, so kann derselbe sofort auf das Diagramm angewendet werden, um anzuzeigen:

1. die elektromotorische Nutzkraft in jedem Abschnitte durch Linien wie $E_3 E_2$, $E_2 E_1$, welche, durch den Widerstand der betreffenden Abteilung dividiert, auch den Strom ergeben;

2. die Potentialdifferenz der Platten der verschiedenen Kondensatoren, dargestellt durch Linien wie CE_2, CE_3 u. s. w.

Aus dem Diagramm erhellt, daſs der allgemeine Effekt von Kondensatoren, welche stellenweise als Brücken in einem Stromkreise angebracht sind, ein zweifacher ist. Zunächst zeigt sich eine fortschreitende Verzögerung der Phase, wenn wir, von dem Generator fortschreitend, die Abschnitte des Stromkreises der Reihe nach nehmen. Weiterhin erfährt durch die Einbringung der Kondensatoren der Strom in den näher liegenden Abschnitten eine Zunahme, in den entfernteren eine Verminderung.

Enthielte ein solcher Stromkreis eine Anzahl von in Serie geschalteten Glühlampen, so würde die Wirkung der Verbindung mit den Kondensatoren die sein, daſs die Lampen nahe bei der Stromquelle heller leuchten, jene in gröſserer Entfernung davon dunkler werden würden, während es in den mittleren Abschnitten einige geben könnte, welche keine Veränderung erlitten.

Diese Beobachtungen dienen dazu, den Grund und die Art der Abnahme eines Wechselstroms in einem langen mit Kapazität behafteten Kabel anzudeuten; dieser Fall wird später eingehender behandelt werden. Sie erklären auch den Irrtum bei der Berechnung eines elektrischen Stromes durch Division des Widerstandes in die elektromotorische Kraft, wenn dieselbe eine rasch variierende ist und das System eine grofse Kapazität besitzt. Es ist bereits angedeutet worden, daſs ein Voltameter Kapazität besitzt, und es gibt triftige Gründe, zu glauben, daſs auch die Gewebe des menschlichen Körpers mit beträchtlicher Kapazität behaftet sind, wahrscheinlich in ähnlicher Weise wie sie ein Voltameter besitzt.

Wenn zwei Geifslersche Röhren in Serie mit dem sekundären Stromkreise eines Ruhmkorffschen Apparates geschaltet werden, und der Pol eines Kondensators mit ihrem Vereinigungspunkte verbunden wird, so kann die Intensität des Lichtes irgend einer der Röhren dadurch gesteigert werden, daſs der andere Pol des Kondensators mit jener Elektrode der sekundären Spule verbunden wird, an welche die andere Röhre angeschlossen ist. Diese andere Röhre erleidet gleichzeitig eine Verminderung oder Aufhebung der Lichtwirkung. Sie ist eben, was oben die entlegenere Abteilung genannt wurde.

Ein genau gleiches Resultat ergibt sich, wenn man die zwei Hände als Pole des Kondensators verwendet. Natürlich könnte gegen dieses Experiment eingewendet werden, daſs es die Leitungsfähigkeit des Körpers ist, welche bei der beschriebenen Einschaltung in das System die entlegenere Abteilung entlastet, mehr Strom durch die nähere treibt und so die beobachteten Wirkungen hervorruft. Doch weisen andere Thatsachen auf den Schlufs, welcher auch durch passende Instrumente direkt nachgewiesen werden kann, dafs die Gewebe des menschlichen Körpers als Kondensatoren von beträchtlicher Kapazität wirken.

Sechstes Kapitel.

Kombination von Kondensatoren mit Selbstinduktion.

Die bereits betrachteten Fälle eines an einem oder mehreren Punkten durch Kondensatoren überbrückten Stromkreises haben jene komplizierteren Systeme, in welchen Selbstinduktion in irgend einem Teile des Leiters existiert, nicht umfafst. In der Praxis würde stets ein Selbstinduktionskoeffizient in der den Stromerzeuger enthaltenden Abteilung vorhanden sein; ein solcher könnte auch in irgend einen .der anderen Teile durch die dort eingeschalteten Instrumente getragen werden. Es ist deshalb wünschenswert, den Effekt eines solchen auf die Ströme in dem Systeme zu kennen. Der allgemeine Fall kann wie folgt dargestellt werden.

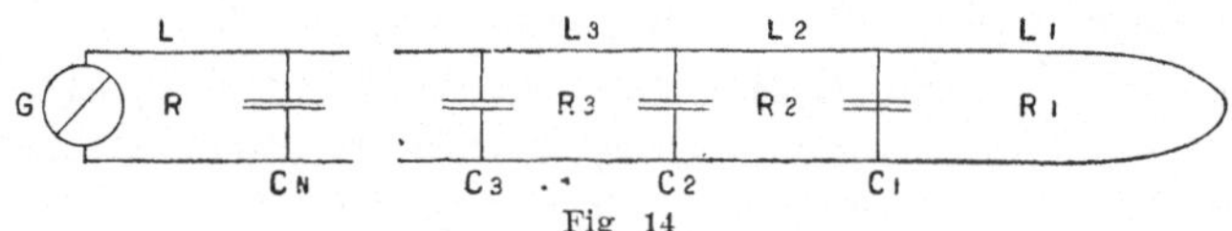

Fig 14

Hier stellen $C_1\ C_2\ C_3\ \ldots\ .C_n$ die Kapazitäten der Kondensatoren dar, angefangen am entferntesten Ende des Stromkreises. $R_1,\ R_2,\ R_3,\ \ldots\ R_n$, R sind die Widerstände der Abteilungen, $L_1,\ L_2,\ L_3,\ L_n,\ L$, die Selbstinduktionskoeffizienten derselben in der nämlichen Ordnung.

G stellt den Erzeuger der harmonisch variierenden E. M. K. dar. T sei, wie gewöhnlich, die halbe Periode.

Um das richtige Diagramm der elektromotorischen Kräfte zu konstruieren, verfahre, wie Fig. 15 zeigt.

Wähle irgend eine Linie EC als Darstellung der E. M. Nutzkraft im Abschnitte R_1.

Trage an EC in Richtung der Voreilung den Winkel CEQ, dessen Tangente

$$tg\ CEQ = \frac{L_1\,\pi}{TR_1}$$

ist, und ziehe CQ senkrecht zu EC.

Verlängere QE nach M, so daſs $QE:EM = R_1:R_2$. An QM lege den Winkel MQN in Richtung der Voreilung so an, daſs

$$tg\ MQN = \frac{C_1\,\pi\,R_1\,R_2}{T(R_1 + R_2)}$$

und ziehe MN rechtwinklig zu QM.

Ziehe MF rechtwinklig zur Verlängerung von CE bis zum Schnittpunkte F, so daſs die zwei ähnlichen Dreiecke CEQ und FEM entstehen. Von F ziehe FO parallel und gleich MN und in gleicher Richtung mit dieser Linie.

Verbinde O und E und in E trage den Winkel OEP in Richtung der Voreilung auf, so daſs

$$tg\ OEP = \frac{L_2\,\pi}{TR_2};$$

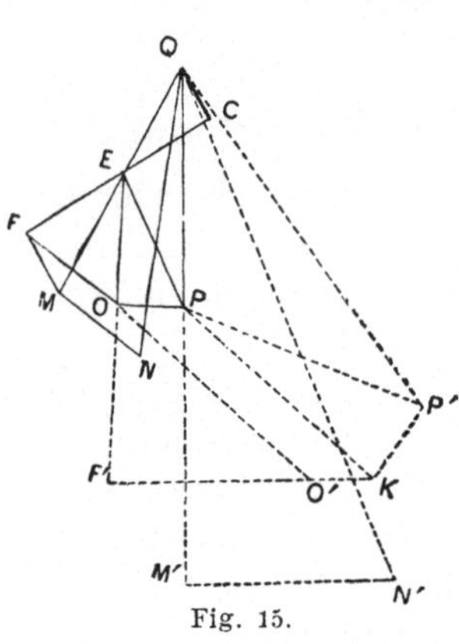

Fig. 15.

ziehe OP senkrecht auf EO und verbinde P mit Q.

Dann ist PQ die E. M. K. des Kondensators C_2, oder, wenn nur ein Kondensator vorhanden ist, die E. M. K. des Stromerzeugers.

EQ ist die E. M. K. des Kondensators C_1,

OE ist die E. M. Nutzkraft im Abschnitte R_2,

und EC, nach der Voraussetzung, jene im Abschnitte R_1.

Diese Punkte lassen sich wie folgt beweisen:

Da EC die E. M. Nutzkraft in dem Abschnitte R_1 ist, welcher den Selbstinduktionskoeffizienten L_1 besitzt, muſs die E. M. Gesamtkraft für diesen Abschnitt in Phase und Gröſse wie EQ aus EC erhalten werden, d. h. als Hypothenuse des rechtwinkligen Dreiecks, dessen eine Kathete die E. M. Nutzkraft ist und dessen dieser Kathete anliegender Winkel als Tangente den Wert $\frac{L_1\,\pi}{TR_1}$, gerechnet in Richtung der Voreilung von dieser Kathete an, besitzt.

Daher ist EQ die E. M. K. des Kondensators C_1.

Da $QE : EM = R_1 : R_2$ und der Winkel MQN als Tangente $\dfrac{C_1\,\pi}{T} \cdot \dfrac{R_1\,R_2}{R_1 + R_2}$ hat und

$$NM = QM \cdot tg\, MQN,$$

so ist

$$NM = QM \cdot \frac{C_1\pi}{T} \cdot \frac{R_1\,R_2}{R_1 + R_2}.$$

Daher

$$\frac{NM}{R_2} = C_1\,\pi\,\frac{R_1}{T\,(R_1 + R_2)} \cdot QM = \frac{C_1\pi}{T}\,QE.$$

NM aber steht senkrecht zu QE; also ist $\dfrac{NM}{R_2}$ der Ladestrom für den Kondensator C_1 oder NM ist die E. M. K., welche, durch den Widerstand R_2 wirkend, den Ladestrom für diesen Kondensator hervorrufen würde. Es ist aber auch $NM = OF$. Also ist $\dfrac{OF}{R_2}$ der Ladestrom. Aber $\dfrac{EC}{R_1}$ ist der Strom in R_1, welcher den Kondensator in jenem Abschnitte entlädt, und $\dfrac{EC}{R_1} = \dfrac{FE}{R_2}$.

Also ist $\dfrac{EF}{R_2}$ eine der zwei Komponenten des Ladestromes $\dfrac{OF}{R_2}$. Somit muſs $\dfrac{OE}{R_2}$ die andere Komponente, d. h. OE die E. M. Nutzkraft in der Abteilung R_2 sein.

Nun hat aber diese Abteilung einen Selbstinduktionskoeffizienten L_2, und ferner ist $tg\, OEP = \dfrac{L_2\,\pi}{T\,R_2}$.

Also ist PE die elektromotorische Gesamtkraft, welche zur Erzeugung der elektromotorischen Nutzkraft OE in dieser Abteilung erforderlich ist.

Die elektromotorische Gesamtkraft in R_2 ist jedoch die Resultante der zwei elektromotorischen Kräfte der Kondensatoren C_2 und C_1, welche letztere durch EQ dargestellt ist.

Somit ist schlieſslich PQ die E. M. K. des Kondensators C_1, oder, wenn nur ein Kondensator vorhanden ist, stellt diese Linie die E. M. K. des Stromerzeugers vor.

Die Erweiterung des Diagramms zur Auffindung der elektromotorischen Kräfte in dem folgenden Abschnitte, R_3, ist leicht verständlich, wenn nur die Schritte angedeutet werden, wie folgt:

$$QM' : QP = R_3 + R_2 : R_2,$$

$$tg\, M'QN' = \frac{C_2\, \pi}{T} \cdot \frac{R_2\, R_3}{R_2 + R_3}, \quad QM'N' = \frac{\pi}{2}$$

$$OF' : EO = R_3 : R_2,$$

$$F'O' = \text{und} \parallel M'N'$$

$$O'K = \text{und} \parallel OP$$

$$tg\, KPP' = \frac{L_3\, \pi}{TR_3}, \quad PKP' = \frac{\pi}{2}.$$

Dann wird $P'Q$ die E. M. K. des Kondensators C_3, oder wenn nur zwei Kondensatoren vorhanden sind, jene des Stromerzeugers repräsentieren, und KP wird die E. M. Nutzkraft in R_3, d. h. $\dfrac{KP}{R_3}$ der Strom im Abschnitt R_3 sein.

Aus der bloſsen Kenntnis des Widerstandes und Selbstinduktionskoeffizienten der nächsten Abteilung R_4 können wir, von den Linien $P'Q$ und KP ausgehend, den Strom in dieser Abteilung oder die E. M. K. des Kondensators C_4, bezw. des Stromerzeugers, wenn der Fall so liegt, ableiten. In solcher Weise kann ein vollständiges Diagramm gezeichnet werden, welches die Phase und Gröſse jeder in Betracht kommenden E. M. K. erkennen läſst.

Bei Betrachtung der Figur 15 springt als wichtiger Punkt in die Augen, daſs die Selbstinduktion in den Abteilungen keineswegs notwendigerweise den Strom in denselben verringert, sondern bis zu einer gewissen Grenze sogar förderlich wirken kann. Dies kann ohne Kapazität im Stromkreise nicht der Fall sein. Unter solchen Umständen nämlich würde die allein vorhandene Selbstinduktion unbedingt den durch eine gegebene E. M. K. erzeugten Strom verringern; wenn jedoch Kondensatoren im Stromkreise enthalten sind, kann es sich ereignen, daſs infolge der gleichzeitig vorhandenen Selbstinduktion eine kleinere E. M. K. eine Erwärmung in den Abteilungen des Stromkreises hervorruft, die, ohne Vorhandensein der Selbstinduktion, eine gröſsere E. M. K. erfordert hätte.

Im Diagramm wäre QO die Lage der, die E. M. K. des Kondensators C_2 darstellenden geraden Linie gewesen, wenn die Abteilung R_2 ohne Selbstinduktion gewesen wäre. Da jedoch dieser Abteilung ein Selbstinduktionskoeffizient anhaftet, so nimmt die E. M. K. des Kondensators C_2 die Stellung QP ein. Nun ist OP senkrecht zu OE gezogen, so daſs $OP = OE \dfrac{L_2\,\pi}{TR_2}$. Es ist daraus klar, daſs, so lange der Winkel QEO kleiner ist als 180^0, ein gewisser Betrag von Selbstinduktion QP kleiner machen wird. Dies wird der Fall sein, bis QPO ein rechter Winkel ist; nach Erreichung dieses Grenzwertes wird eine Zunahme des Selbstinduktionskoeffizienten für den gegebenen Effekt eine gröſsere E. M. K. erfordern.

Ähnlich mag QP' verkleinert werden durch Vergröſserung von L_3 bis zu jenem Punkte, wo $QP'K$ ein rechter Winkel ist, wenn nämlich QPK kleiner als 180^0 ist.

Wenn QP' an seinem Minimalwerte, also senkrecht zu KP' ist, so ist es auch parallel zu PK. In anderen Worten bedeutet dies, daſs die Phasen der elektromotorischen Gesamtkraft und des Stromes in der Generatorabteilung zusammenfallen. Und ähnlich würde für jeden Abschnitt die E. M. K. des Kondensators C_m ein Minimum sein, wenn ihre Phase mit jener des Stromes in R_m koinzidiert, welcher Bedingung stets ein bestimmter Wert von L_m entspricht.

Ein wichtiger Fall ist der, wo eine Stromquelle auf einen Stromkreis arbeitet, welcher nur durch einen Kondensator ge schlossen ist. Sind die Kondensatorplatten nicht vollkommen von einander isoliert, und ist R_1 der Isolationswiderstand, so ist der Rest des Stromkreises durch R_2 dargestellt und mit dem Selbstinduktionskoeffizienten L_2 behaftet. Hier ist L_1 gleich Null und somit in Figur 15 der Winkel QEC gleich Null, oder es fällt Q zusammen mit C_1, F mit M und O mit N. Das Diagramm geht dann in Figur 16 über.

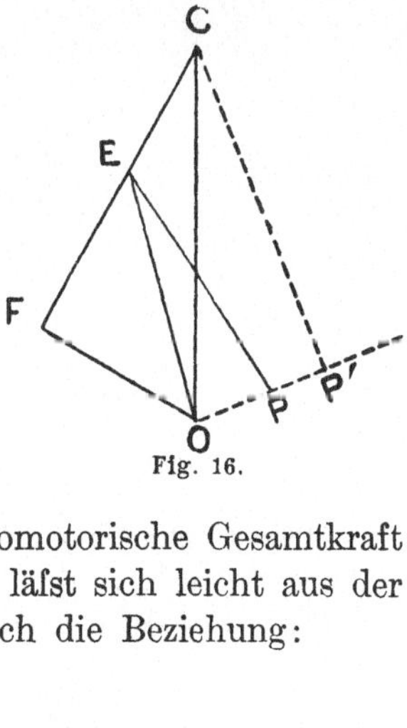

Ist keine Selbstinduktion vorhanden, so ist CO die elektromotorische Gesamtkraft für zwei gegebene elektromotorische Nutzkräfte in den Stromkreisen. Wächst jedoch L_2 von Null an, so nimmt notwendigerweise die elektromotorische Gesamtkraft kleinere Werte an, wie z. B. CP, wo $tg\,PEO = \dfrac{L_2\,\pi}{TR_2}$. Diese Abnahme dauert

Fig. 16.

an, bis P nach P' gelangt, wo die elektromotorische Gesamtkraft ein Minimum ist. Die Bedingung hierfür läſst sich leicht aus der Figur ableiten und wird ausgedrückt durch die Beziehung:

$$\frac{T^2}{\pi^2 C}\left\{\frac{1}{L_2} - \frac{1}{C\,R_1{}^2}\right\} = 1, \quad \ldots \ldots \quad (\alpha)$$

in welcher das Fehlen des Widerstandes R_2 der Generatorabteilung darauf hinweist, dafs dieser Minimalwert unabhängig von R_2 erreicht wird. Aus dem Obigen kann der passende Wert von L_2 abgeleitet werden. Es mag jedoch auch die Bemerkung Platz finden, dafs, so lange L_2 sich dem durch die Gleichung angegebenen Werte nähert, alle praktischen Vorteile sich ergeben, da $CP'Q$ ein rechter Winkel ist und eine Änderung im Werte des Winkels OEP' die Länge CP' nur unendlich wenig beeinflufst.

Das Vorhandensein des nützlichen Koeffizienten der Selbstinduktion ermöglicht eine Reduktion der erforderlichen elektromotorischen Gesamtkraft im Verhältnisse $\dfrac{CP'}{CO}$. Dieses Verhältnis kann ausgedrückt werden durch den Bruch

$$\frac{R_1 \sin^2 a + R_2}{\sqrt{(R_1 + R_2)^2 \sin^2 a + R_2{}^2 \cos^2 a}},$$

worin a für den Winkel OCE steht, dessen Tangente gleich

$$\frac{C\pi\,R_1\,R_2}{T\,(R_1 + R_2)} \quad \text{ist.}$$

Noch einfacher wird der Fall, wenn der Kondensator vollkommen isoliert ist. In diesem Falle ist R_1 unendlich, und in Fig. 16 fällt der Punkt E mit F und die Gerade OE mit OF zusammen, so dafs die Gerade OP, welche senkrecht zu OE stehen mufs, jetzt parallel wird mit CF. Dieser Fall ist durch Fig. 17 dargestellt.

Aus dieser Figur ist ersichtlich, dafs, wenn der Selbstinduktionskoeffizient von passender Gröfse ist, um das Minimum der elektromotorischen Gesamtkraft zu ermöglichen, das durch CP' dargestellt ist, diese E. M. K. gleichwertig mit der elektromotorischen Nutzkraft OE des Stromkreises sein wird.

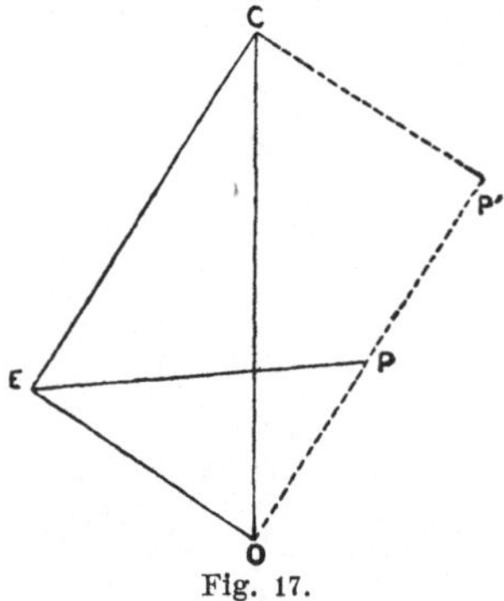

Fig. 17.

Die Tangente von OCE ist $\dfrac{C\pi\,R_2}{T}$, jener Wert von $\dfrac{C\pi\,R_1\,R_2}{T\,(R_1 + R_2)}$, welcher $R_1 = \infty$ entspricht, und die Tangente von PEO ist $\dfrac{L\pi}{TR_2}$.

Rückt P gegen P', so werden diese Winkel komplementär, d. h. die Tangente des einen derselben wird gleich dem reciproken Werte der Tangente des andern.

Diese Bedingung läfst sich ausdrücken durch

$$\frac{C\,\pi\,R_2}{T} = \frac{T\,R_2}{L\,\pi},$$

woraus

$$T = \pi\,\sqrt{CL} \quad \cdots \cdots \cdots \quad (\beta)$$

da R_2 aus der Gleichung verschwindet.

Diese Gleichung kann auch unmittelbar aus der Gleichung (α) abgeleitet werden, indem man dort $R_1 = \infty$ setzt.

Das Resultat mag, wie folgt, zusammengefafst werden: Wenn eine Wechselstromquelle auf einen mit Selbstinduktion behafteten Stromkreis arbeitet, welcher durch einen vollkommen isolierten Kondensator geschlossen wird, gibt es stets eine bestimmte Polwechselzahl, bei welcher der Kondensator durch eine widerstandslose Verbindung der Stromkreisenden ersetzt und die Selbstinduktion gleichfalls beseitigt gedacht werden kann, ohne dafs eine Änderung des Stromwertes eintritt. Thatsächlich verdeckt die Zusammenwirkung des Kondensators mit der Selbstinduktion den Effekt der Stromkreisunterbrechung, welche durch den unendlichen Widerstand des Kondensators bewirkt ist. Zudem ist dieser Erfolg vollkommen unabhängig von dem Widerstande des Stromkreises selbst, welcher dann einfach den Strom in derselben Weise beeinflufst, wie dies bei einer gleichgerichteten E. M. K. der Fall wäre.

Es mufs hervorgehoben werden, dafs die Erfüllung der kritischen Beziehung zwischen der Kapazität, dem Koeffizienten der Selbstinduktion, der Periode und dem Widerstande der entlegensten Abteilung, wenn derselbe einen endlichen Wert besitzt, nur den Vorteil einer Erniedrigung des Potentials gewährt. Sie gewährt keine gröfsere direkte Ökonomie, weil die geleistete Arbeit dieselbe ist, ob nun dieser Beziehung Genüge geleistet ist oder nicht, da Fig. 16 zeigt, dafs die Arbeit gleich ist $\dfrac{OE}{2\,R_2} \times PC$ multipliziert mit dem Cosinus des Winkels zwischen EO und PC. Die Arbeit ist also gleich $\dfrac{OE \times P'C}{2\,R_2}$, selbst wenn P nicht mit P' zusammenfällt. Ähnliches gilt auch in den anderen Fällen.

Siebentes Kapitel.

Kondensator-Transformatoren.

Es ist klargelegt worden, daſs der Strom eines Stromkreises durch Verbindung zweier seiner Punkte mit den Platten eines Kondensators in solcher Weise modifiziert wird, daſs thatsächlich verschiedene Ströme in den zwei Abschnitten des Stromkreises flieſsen. Ist in dem entfernteren Abschnitt keine Selbstinduktion, so wird der Strom in dieser Abteilung immer kleiner sein als jener in der die Stromquelle enthaltenden Abteilung. Ist jedoch die entferntere Abteilung mit Selbstinduktion behaftet, so kann es sich ereignen, daſs der Strom in derselben gröſser ist, als in der Generatorabteilung. Dieser Effekt hängt von der Kapazität des Kondensators, dem Selbstinduktionskoeffizienten in dem entlegenen Abschnitte, dem Widerstande dieses Abschnittes und der Periode ab. Stehen diese Gröſsen zu einander in geeignetem Verhältnis, so erhalten wir einen stärkeren Strom in dem entfernteren Abschnitte als in dem der Stromquelle benachbarten, und die Anordnung bildet einen förmlichen Transformator, den man Kondensator-Transformator nennen mag.

Zur Behandlung dieses Falles wollen wir einen der Ströme durch den andern mit Hilfe der in Fig. 18 reproduzierten Fig. 15 ausdrücken, indem wir nur den Fall eines Kondensators ins Auge fassen. Wir erinnern uns, daſs EC und OE die elektromotorischen Nutzkräfte der näheren und der entfernteren Abteilung bedeuteten, dass R_1 und R_2 die Widerstände dieser beiden Abteilungen waren, und suchen nun eine Beziehung zwischen $\dfrac{OE}{R_2}$ und $\dfrac{EC}{R_1}$, welche Ströme wir mit J_2, bezw. J_1 bezeichnen wollen.

Der Kürze halber bezeichnen wir den Winkel CEQ mit β und den Winkel MQN mit γ, so daſs also

$$tg\,\beta = \frac{L_1\,\pi}{T R_1}$$

$$tg\,\gamma = \frac{C\,\pi\,R_1\,R_2}{T\,(R_1 + R_2)}.$$

Zunächst ist

$$OF = MN = QM\,tg\,\gamma$$

$$= \frac{R_1 + R_2}{R_1} \cdot QE\,tg\,\gamma$$

$$= \frac{R_1 + R_2}{R_1} \cdot \frac{EC}{\cos\beta}\,tg\,\gamma.$$

Weiterhin ist

$$FE = \frac{EC \times R_2}{R_1}$$

und

$$OE^2 = OF^2 + FE^2 - 2\,OF \cdot FE \sin\beta.$$

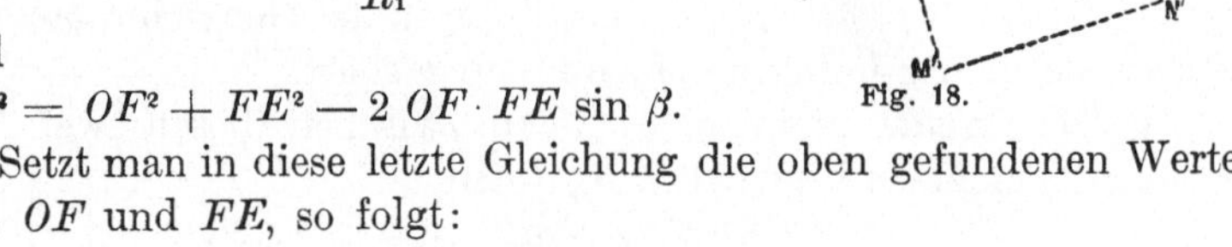
Fig. 18.

Setzt man in diese letzte Gleichung die oben gefundenen Werte von OF und FE, so folgt:

$$OE^2 = \left(\frac{R_1 + R_2}{R_1}\right)^2 EC^2 \frac{tg^2\gamma}{\cos^2\beta}$$

$$+ \left(\frac{R_2}{R_1}\right)^2 EC^2 - 2\,\frac{(R_1 + R_2)\,R_2}{R_1{}^2}\,EC^2\,tg\,\beta\,tg\,\gamma.$$

Teilt man dieses durch R_2^2 und setzt man $\dfrac{OE}{R_2} = J_2$ und $\dfrac{EC}{R_1} = J_1$, so folgt

$$J_2{}^2 = J_1{}^2 \left\{1 + \left(\frac{R_1 + R_2}{R_2}\right)^2 \frac{tg^2\gamma}{\cos^2\beta} - 2\,\frac{R_1 + R_2}{R_2}\,tg\,\beta\,tg\,\gamma\right\}.$$

Eliminiert man schließlich β und γ aus diesem Ausdrucke, so folgt für die Beziehung zwischen den Quadraten der Ströme:

$$\left(\frac{J_2}{J_1}\right)^2 = \left\{1 + \frac{C^2\,\pi^2\,R_1{}^2}{T^2}\left[1 + \left(\frac{L_1\,\pi}{TR_1}\right)^2\right] - 2\,\frac{C\,\pi^2\,L_1}{T^2}\right\}.$$

Aus dieser Gleichung können wir Schlüsse auf die relativen Größen der beiden Ströme ziehen. Die folgenden gehören zu den wichtigsten:

1. Ist kein Kondensator vorhanden, so sind die beiden Ströme einander gleich. Mathematisch ausgedrückt ist für $C = 0$, $\dfrac{J_2}{J_1} = 1$.

2. Ist keine Selbstinduktion in der entfernteren Abteilung, so wird der Kondensator stets den Strom in der dem Generator näher liegenden Abteilung auf höheren Werten erhalten, als jenen in der entfernteren. Wenn $L_1 = 0$, so ist $\dfrac{J_2}{J_1} > 1$.

Diese Schlüsse waren schon oben gezogen worden.

Schreiben wir die obige Gleichung etwas anders,

$$\left(\frac{J_2}{J_1}\right)^2 = 1 + \frac{C\,\pi^2}{T^2}\left\{CR_1{}^2\left(1+\left(\frac{L_1\,\pi}{TR_1}\right)^2\right) - 2\,L_1\right\},$$

so sehen wir weiter:

3. Dafs der relative Wert der zwei Ausdrücke

$$CR_1{}^2\left(1+\left\{\frac{L_1\,\pi}{TR_1}\right\}^2\right)\quad\text{und}\quad 2\,L_1$$

den Ausschlag gibt, ob $J_2 > J_1$. Ist der erstere gröfser als der letztere, so ist J_2 gröfser als J_1, der Strom in der Generatorabteilung gröfser als in der entfernteren, und umgekehrt.

4. Die Ströme sind gleich, wenn zwischen diesen zwei Ausdrücken Gleichheit besteht, d. h., wenn

$$C = \frac{2\,L_1}{R_1{}^2\left(1+\left(\frac{L_1\,\pi}{TR_1}\right)^2\right)}.$$

5. Setzen wir L, T und R als unveränderlich voraus und betrachten C als von Null zunehmend, so wird J_2 zuerst kleiner sein als J_1, obwohl $J_2 = J_1$ ist, wenn C den Wert Null besitzt.

Wenn C den Wert

$$\frac{2\,L_1}{R_1{}^2\left(1+\left(\frac{L_1\,\pi}{TR_1}\right)^2\right)}$$

erreicht, so besteht wiederum Gleichheit zwischen J_2 und J_1. Es mufs also ein mittlerer Wert von C vorhanden sein, welcher $\dfrac{J_2}{J_1}$ zum Minimum macht. Dieser besondere, minimale Wert von $\dfrac{J_2}{J_1}$ wird erreicht, sobald

$$C = \frac{L_1}{R_1{}^2\left(1+\left(\frac{L_1\,\pi}{TR_1}\right)^2\right)},$$

d. h. gleich der Hälfte jenes Wertes ist, welcher Gleichheit zwischen J_2 und J_1 hervorruft.

6. Für den Fall des minimalen Wertes von $\dfrac{J_2}{J_1}$, welcher als maximale Transformation nach aufwärts, d. h. von einem kleineren

zu einem größeren Strome, gekennzeichnet werden kann, hat das Verhältnis $\left(\dfrac{J_2}{J_1}\right)^2$ den Wert

$$\frac{1}{1 + \left(\dfrac{L_1\,\pi}{TR_1}\right)^2}.$$

Je größer also der Selbstinduktionskoeffizient und je geringer Widerstand und Periode sind, desto höheres Umsetzungsverhältnis können wir erreichen.

Um von den vorkommenden Größen einen Begriff zu geben, wollen wir den Fall betrachten, wo die Periode der hundertste Teil einer Sekunde, der Selbstinduktionskoeffizient $= 0{,}04$ und der Widerstand des Stromkreises hinter dem Kondensator $= 14{,}5$ Ohm ist. Dann würde durch einen Kondensator von etwas weniger als 48 Mikrofarad Kapazität der Strom in den entlegeneren Abteilungen doppelt so stark sein als jener in der Generatorabteilung. Kurz nach der Veröffentlichung der ersten englischen Ausgabe dieses Buches hat der Verfasser mit Erfolg die hier angedeutete Transformierung nach aufwärts vorgenommen. Die Thatsache wurde damals der Versammlung der Dynamic Society mitgeteilt.

Achtes Kapitel.

Gleichförmige Verteilung der Kondensatoreigenschaften.

Das Problem der gleichförmigen Verteilung der Kondensatoreigenschaften unterscheidet sich etwas von den bisher behandelten Fällen, wo Kondensatoren an verschiedenen Punkten eines Stromkreises angeordnet waren, insoferne nämlich, daß in dem Falle der gleichförmigen Verteilung der Kondensatoreigenschaften auf einen Leiter zwei benachbarte Punkte desselben weder den gleichen Wert, noch die gleiche Phase des Stromes besitzen werden. In jedem Elemente des Leiters wechselt beständig das Potential infolge des Anwachsens oder der Abnahme der nach oder von dem betrachteten Punkte fließenden Elektrizitätsmenge. Es werden somit die Phase der Spannung, die Phase des Stromes und die Maximalwerte von Spannung und Strom je nach dem in Betracht gezogenen Punkte verschiedene Werte besitzen. Die analytische Behandlung wird also in diesem Falle zweckdienlicher sein als die geometrische Darstellung.

Die Differentialgleichungen, welche die Bedingungen für den Strom an irgend einem Punkte ausdrücken, lassen sich leicht aufstellen.

Sei E das Potential am Punkte P,

$\quad E + \delta E$ das Potential am Punkte Q, welcher von P um δx entfernt ist,

$\quad \varrho$ der Widerstand der Einheitslänge des Leiters,

$\quad C$ die Kapazität der Einheitslänge des Leiters,

$\quad J$ der Strom in P,

$\quad J + \delta J$ der Strom in Q,

$\quad \delta t$ ein Zeitelement und

$\quad \delta x$ ein Längenelement.

Dann ist $\varrho \delta x$ der Widerstand zwischen P und Q; somit ist $\dfrac{\delta E}{\varrho \delta x} = - J$, worin der Strom positiv ist in der Richtung einer Zunahme von x. Daraus folgt

$$\frac{dE}{dx} = - \varrho J \quad\ldots\ldots\ldots\ldots \quad (\alpha)$$

Die Differenz zwischen dem Strome in Q und P hat während der Zeit δt das Potential des Elementes PQ verringert. Da δE die Abnahme des Potentials und $C\delta x$ die Kapazität des Elementes ist, besitzt die vom Element PQ abgeflossene Elektrizitätsmenge den Wert $- C\delta x \cdot \delta E$; dieselbe muſs gleich sein dem Unterschiede zwischen der Elektrizitätsmenge, welche in der Zeit δt vom Elemente PQ abflieſst und der, welche ihm zuströmt.

$$\delta J \cdot \delta t = - C \, \delta x \cdot \delta E.$$

deshalb muſs schlieſslich

$$\frac{dJ}{dx} = - C \cdot \frac{dE}{dt} \quad\ldots\ldots\ldots\ldots \quad (\beta)$$

durch Differentiation von (α) folgt

$$\frac{d^2 E}{dx^2} = - \varrho \cdot \frac{dJ}{dx};$$

mit (β) kombiniert, ergibt diese Gleichung

$$\frac{d^2 E}{dx^2} = \varrho \, C \cdot \frac{dE}{dt} \quad\ldots\ldots\ldots \quad (\gamma)$$

Diese Gleichungen müssen die vollständige Lösung für jeden besondern Fall ergeben.

In dem Falle eines unendlich langen Leiters, in welchem eine elektromotorische Gesamtkraft zusammen mit einer durch Ansammlung von Elektrizität hervorgerufenen E. M. K. eine thatsächliche Potentialdifferenz ε am Anfangspunkte erzeugt, ist die Lösung:

$$\left.\begin{aligned} E &= \varepsilon\, e^{-\sqrt{\frac{\varrho\, C\, \pi}{2\, T}}\, x} \sin\frac{\pi}{T}\left(t - \sqrt{\frac{\varrho\, C\, T}{2\, \pi}}\, x\right) \\ J &= \varepsilon\sqrt{\frac{C\, \pi}{T\, \varrho}}\cdot e^{-\sqrt{\frac{\varrho\, C\, \pi}{2\, T}}\, x} \sin\frac{\pi}{T}\left(t - \sqrt{\frac{\varrho\, C\, T}{2\, \pi}}\, x + \frac{T}{4}\right) \end{aligned}\right\} \quad (\delta)$$

Hier ist x der Abstand von jenem Punkte, an welchem das alternierende Potential seinen Maximalwert ε besitzt. Die Zeit wird von der Epoche an gerechnet, wo die Potentialdifferenz am Anfangspunkte Null ist und eben zu wachsen beginnt.

Der Beweis der Richtigkeit dieser Formeln beruht darauf, dafs sie den Gleichungen $(\alpha), (\beta), (\gamma)$ und der Bedingung genügen, dafs für $x = o$ der Maximalwert des Potentials $= \varepsilon$ sein muss.

Zu den an diesen Formeln beachtenswerten Punkten gehört:

1. dafs in jedem beliebigen Punkte die Phase des Stromes der Phase des Potentials um genau das gleiche Intervall, nämlich um ⅛ der ganzen Periode oder um $\dfrac{T}{4}$, voreilt.

2. Da die Phasen von Strom und Spannung im Verhältnis zur Zunahme von x eine fortschreitende Verzögerung erleiden, haben wir entlang der Linie eine Reihe äquidistanter Punkte, welche sich in der nämlichen Phase befinden.

Diese Distanz ist gleich

$$2\sqrt{\frac{2\,\pi\, T}{C\,\varrho}}$$

und mag als Wellenlänge der Schwingung bezeichnet werden.

Eine Reihe von Punkten, mitten zwischen den Punkten der ersten Reihe gelegen, befindet sich in entgegengesetzter Phase.

3. Obgleich der totale Widerstand eines unendlich langen Leiters unendlich grofs ist, so kann doch eine beträchtliche Elektrizitätsmenge irgend einen Punkt desselben durchströmen, wenn der Leiter seiner ganzen Länge nach Kapazität besitzt.

Der Effekt des Stromes auf das Dynamometer in irgend einem
Punkte x wird derart sein, dafs, wenn J_1 den Gleichstrom bezeichnet,
welcher am gleichen Instrumente die gleiche Ablesung gibt

$$J_1 = \frac{1}{\sqrt{2}}\, \varepsilon\, \sqrt{\frac{C\pi}{T\varrho}}\, e^{-\sqrt{\frac{\varrho\, C\pi}{2\, T}}\, x}.$$

Die Ablesung am Dynamometer wird sein

$$\varepsilon^2\, \frac{C\pi}{2\, T\varrho}\, e^{-\sqrt{\frac{\varrho\, C\pi}{2\, T}}\, 2\, x},$$

oder wenn $x = 0$,

$$\varepsilon^2\, \frac{C\pi}{2\, T\varrho} = \frac{\varepsilon^2}{2\left(\dfrac{T\varrho}{C\pi}\right)}.$$

Als Ablesung am Dynamometer ist hier der Ablenkungswinkel
des Zeigers auf einer gleichförmigen Skala gemeint, auf welcher
eine Ablenkung gleich dem Einheitswinkel angezeigt wird, wenn
ein gleichgerichteter und an Intensität der Einheit gleicher Strom
die in Serie geschalteten Spulen des Instrumentes passiert. Unter
solchen Umständen wird ein das Instrument durchfliefsender harmonischer Strom vom Maximalwerte J die Ablesung $\dfrac{J^2}{2}$ hervorrufen.

Ein gleichgerichteter Strom würde natürlich die Ablenkung
J^2 ergeben.

Im folgenden mag deshalb die Dynamometerablesung stets
als der Mittelwert des halben Quadrates des Maximalwertes eines
harmonischen Stromes angesehen werden.

Die Gleichungen (δ) geben die Werte des Potentials und Stromes
in irgend einem Punkte des Leiters und zu irgend einer Zeit. Sie
deuten an, dafs diese Gröfsen harmonisch variieren, und die
Faktoren vor der periodischen Funktion der Zeit geben die
Maximalwerte dieser Gröfsen.

Denken wir uns den Maximalwert des Potentials durch den
Maximalwert des Stromes geteilt, so erhalten wir eine Gröfse von
der Ordnung eines Widerstandes; in gewissem Sinne können wir
dieselbe als äquivalenten Widerstand bezeichnen. Führen wir diese
Operation durch, so ergibt sich in jedem Falle der Widerstand

$$\sqrt{\frac{T\varrho}{C\pi}}.$$

Wir wollen diese Größe, welche wir später bei Vergleichungen brauchen werden, mit B bezeichnen.

Da jedoch die Phase der E. M. K. hinter jener des Stromes um $^1/_8$ Periode zurückbleibt, wäre es lehrreich, den Fall zu vergleichen mit jenem, wo der Generator einer E. M. K. gleich der in dem betrachteten Punkte vorhandenen auf einen Stromkreis vom Widerstande r arbeitet, der durch einen vollkommen isolierten Kondensator von der Kapazität K geschlossen ist, um so die Werte von r und K ausfindig zu machen, welche einen in Stärke und Phase gleichen Strom in dem betrachteten Punkte ergeben. Dann könnten r und K mit mehr Recht als äquivalenter Widerstand und äquivalente Kapazität des unendlich langen Stromkreises aufgefaßt werden.

Die erforderlichen Werte erhält man durch folgende Überlegungen: Da der Strom der E. M. K. um ein Achtel einer Periode voreilt, wird das Diagramm der in Betracht kommenden elektromotorischen Kräfte ein rechtwinkliges Dreieck sein, dessen spitze Winkel gleich $\dfrac{\pi}{4}$ sind.

Daher muß $\dfrac{K \pi r}{T} = \operatorname{tg} \dfrac{\pi}{4} = 1$ sein, oder $K = \dfrac{T}{\pi r}$.

Weiterhin ergibt das Diagramm, daß sich die elektromotorische Nutzkraft zur elektromotorischen Gesamtkraft verhält wie $1 : \sqrt{2}$. Und die elektromotorische Nutzkraft, geteilt durch den Widerstand, ist gleich dem Strome.

Nennen wir

α die elektromotorische Gesamtkraft, d. h. den Maximalwert von E,
β „ „ Nutzkraft,
γ den Strom, d. h. „ „ „ J,
um die obigen Beziehungen in algebraische Form bringen zu können, so haben wir

$$\frac{\beta}{\alpha} = \frac{1}{\sqrt{2}} \quad \text{und} \quad \frac{\beta}{r} = \gamma$$

Daher

$$r = \frac{\beta}{\gamma} = \frac{\alpha}{\gamma \sqrt{2}} = \frac{1}{\sqrt{2}} \cdot \frac{\text{Maximalwert von } E}{\text{Maximalwert von } J}$$

$$r = \frac{1}{2}\sqrt{\frac{T\varrho}{C\pi}}$$

und
$$K = \frac{T}{\pi}\frac{\sqrt{2}\cdot\sqrt{C\pi}}{\sqrt{T\varrho}} = \sqrt{\frac{2\,C\,T}{\pi\varrho}}\qquad\qquad\dotfill\ (\varepsilon)$$

Der äquivalente Widerstand variiert demnach wie die Wurzel aus dem spezifischen Widerstand und umgekehrt proportional der Wurzel aus der spezifischen Kapazität. Die äquivalente Kapazität ändert sich direkt proportional der Wurzel aus der spezifischen Kapazität und umgekehrt proportional der Wurzel aus dem spezifischen Widerstande, und beide Größen nehmen direkt proportional der Wurzel aus der Periode zu oder ab. Ihr Produkt ist gleich $\dfrac{T}{\pi}$, hängt also nur von der Periode ab.

Wir wollen jetzt zur Betrachtung der Fälle übergehen, wo der Leiter nicht unendlich lang ist, sondern eine bestimmte Länge l besitzt.

Wichtig sind die zwei Fälle,

1. wo das entferntere Ende an Erde gelegt ist und so auf dem Nullwerte des Potentials erhalten wird,

2. wo das entferntere Ende vollkommen isoliert ist und so stets auf dem Nullwerte des Stromes erhalten wird.

Diese Fälle sind einander sehr ähnlich.

In den unendlich langen Leiter werde in einer Entfernung $2l$ vom Nullpunkte eine andere Quelle alternierender E. M. K. eingeführt, deren Maximalwert e und deren Periode $2T$ ist, wie in dem bereits behandelten Falle. Nur soll ihre Phase genau entgegengesetzt jener der E. M. K. am Nullpunkte sein. Dann erfährt offenbar der von beiden Enden gleichweit abstehende Punkt durch die eine E. M. K. genau dieselbe Steigerung des Potentials als er durch die zweite E. M. K. an Potential verliert; sein Potential verbleibt darum auf dem Nullwerte. Für irgend einen zwischen 0 und l gelegenen Punkt ergibt die Summe der Effekte der beiden Stromquellen die Werte des Potentials und Stromes. Die entsprechenden Ausdrücke für die primäre Quelle besitzen wir bereits. Die von der zweiten Stromquelle herrührenden Potentiale und Ströme mögen wir als reflektierte bezeichnen.

Dann wird das reflektierte Potential für irgend einen Punkt und Zeitabschnitt sein

$$\varepsilon\, e^{-\sqrt{\frac{\varrho\, C\,\pi}{2\,T}}\,(2\,l-x)} \sin\frac{\pi}{T}\left\{t-\sqrt{\frac{\varrho\, C\, T}{2\,\pi}}\,(2\,l-x)+T\right\},$$

und der reflektierte Strom, positiv gegen den Ursprung von x,

$$\varepsilon\sqrt{\frac{C\pi}{T\varrho}}\cdot e^{-\sqrt{\frac{\varrho\, C\,\pi}{2\,T}}\cdot(2\,l-x)} \sin\frac{\pi}{T}\left\{t-\sqrt{\frac{\varrho\, C\, T}{2\,\pi}}\,(2\,l-x)+\frac{T}{4}+T\right\}.$$

Ziehen wir den ursprünglichen und den reflektierten Effekt zusammen und setzen der Kürze halber $\sqrt{\dfrac{\varrho\, C\,\pi}{2\,T}}=a$, so ergibt sich für das Potential zu irgend einer Zeit und für irgend einen Ort:

$$E=\varepsilon\, e^{-a\,x}\left\{1+e^{-4\,a\,(l-x)}-2\,e^{-2\,a\,(l-x)}\cos 2\,a\,(l-x)\right\}^{\frac{1}{2}}\times$$

$$\sin\left\{\frac{\pi t}{T}-a\,x+y\right\},$$

worin

$$\operatorname{tg} y=\frac{e^{-2\,a\,(l-x)}\sin 2\,a\,(l-x)}{1-e^{-2\,a\,(l-x)}\cos 2\,a\,(l-x)}.$$

Dies weist darauf hin, daſs, verglichen mit der Phase des entsprechenden Punktes eines unendlich langen Leiters, die Phase des Potentials durch Anlegung des endlichen Leiters an Erde vorgeeilt ist.

Der Strom J für irgend einen Punkt oder Zeitabschnitt ist gegeben durch:

$$J=\varepsilon\sqrt{\frac{C\pi}{T\varrho}}\, e^{-a\,x}\left\{1+e^{-4\,a\,(l-x)}+2\,e^{-2\,a\,(l-x)}\cos 2\,a\,(l-x)\right\}^{\frac{1}{2}}\times$$

$$\cdot\sin\left\{\frac{\pi t}{T}-a\,x+\frac{\pi}{4}-z\right\}.$$

Hierin ist

$$\operatorname{tg} z=\frac{e^{-2\,a\,(l-x)}\sin 2\,a\,(l-x)}{1+e^{-2\,a\,(l-x)}\cos 2\,a\,(l-x)},$$

was darauf hinweist, daſs durch Anlegung des endlichen Leiters an Erde eine Verzögerung der Phase des Stromes gegenüber der Phase eines entsprechenden Punktes eines unendlich langen Leiters erzielt wurde. Wir können jedoch nicht sagen, daſs die Phasenunterschiede des Stromes und der E. M. K. in irgend zwei Punkten gleichen Betrag besitzen. Der Betrag ist vielmehr für verschiedene Punkte verschieden grofs.

Die angeführten Formeln ermöglichen einen Vergleich zwischen den Quadraten der Ströme an verschiedenen Stellen der Linie. Die Angaben eines Dynamometers werden wie oben $\dfrac{(\text{Maximum } J)^2}{2}$ entsprechen, d. h. dem Werte:

$$\varepsilon^2 \frac{C\pi}{2\,T\varrho} \cdot e^{-2\,a\,x}\left\{1 + e^{-4\,a\,(l-x)} + 2\,e^{-2\,a\,(l-x)} \cos 2\,a\,(l-x)\right\}.$$

Für $x = 0$ wird dieser Ausdruck gleich

$$\varepsilon^2 \frac{C\pi}{2\,T\varrho} \cdot \left(1 + e^{-4\,a\,l} + 2\,e^{-2\,a\,l} \cos 2\,a\,l\right)$$

und für $x = l$ nimmt er den Wert an

$$\varepsilon^2 \frac{C\pi}{2\,T\varrho} \cdot e^{-2\,a\,l} \cdot 4.$$

Die Beziehung des ersteren zum letzteren ist deshalb

$$\frac{1 + e^{-4\,a\,l} + 2\,e^{-2\,a\,l} \cos 2\,a\,l}{4\,e^{-2\,a\,l}} = \frac{1}{4}\left\{e^{2\,a\,l} + e^{-2\,a\,l} + 2 \cos 2\,a\,l\right\} \cdots (\varepsilon),$$

welcher Ausdruck sich in die Reihe

$$1 + \frac{(2\,a\,l)^4}{4!} + \frac{(2\,a\,l)^8}{8!} + \cdots\cdots$$

entwickeln läfst und somit stets gröfser als Eins ist, wie klein auch l sein mag. Die Dynamometerablesung wird also für $x = l$ ein Minimum sein.

Dieser Fall ist vorhanden, wenn eine Wechselstrommaschine auf ein gleichförmiges, mit Kapazität behaftetes Kabel arbeitet. Der Punkt $x = l$ entspricht dem Punkt des Kabels halbwegs zwischen den Maschinenklemmen'; dort ist stets der Nullwert des Potentials vorhanden. ε entspricht der halben E. M. K. der Maschine.

Das Verhältnis der Dynamometerablesung an irgend einem, um l von dem mittleren Punkte entfernten Orte, zur Ablesung an dem mittleren Punkte wird sein:

$$1 + \frac{(2\,a\,l)^4}{4!} + \frac{(2\,a\,l)^8}{8!} + \cdots\cdots$$

Es ist also klar, dafs drei Dynamometerablesungen an Punkten von gemessener gegenseitiger Entfernung genügen, um den Wert von a und somit, da $a = \sqrt{\dfrac{\varrho\, C \pi}{2\,T}}$, bei bekanntem spezifischen Widerstande ϱ und bekannter Periode $2T$ die Kapazität C pro Einheitslänge des Leiters genau zu bestimmen.

Bei Anwendung der Symbole der hyperbolischen Trigonometrie können wir den Ausdruck (ε) schreiben:

$$\frac{\cosh 2\,al + \cos 2\,al}{2};$$

mit anderen Worten: Faßt man den zentralen Punkt und einen um l davon entfernten Punkt ins Auge, so ist das Verhältnis der Dynamometerablesungen am letzteren zu der am ersteren Orte gegeben durch das arithmetische Mittel aus dem hyperbolischen und dem gewöhnlichen Cosinus. Diese Entwicklung wurde vom Verfasser der Society of Telegraph Engineers and Electricians vorgetragen.

Wäre statt des Kabels ein gewöhnlicher Leiter ohne elektrische Kapazität, aber von einem solchen Widerstande B vorhanden gewesen, daß eine alternierende E. M. K., entsprechend dem in einem Punkte des Kondensatorkabels vorhandenen Potentiale

$$\varepsilon \cdot e^{-ax}\left\{1 + e^{-4a(l-x)} - 2\,e^{-2a(l-x)}\cos 2\,a\,(l-x)\right\}^{\frac12}$$

auch den beobachteten Effekt auf das Dynamometer ausgeübt hätte, so wäre

$$\frac{\varepsilon^2\,e^{-2ax}\left\{1 + e^{-4a(l-x)} - 2\,e^{-2a(l-x)}\cos 2\,a\,(l-x)\right\}}{2\,B^2}$$

$$= \frac{\varepsilon^2\,C\pi}{2\,T\varrho}\,e^{-2ax}\left\{1 + e^{-4a(l-x)} + 2\,e^{-2a(l-x)}\cos 2\,a\,(l-x)\right\}.$$

Wir leiten ab

$$B^2 = \frac{T\varrho}{C\pi}\left\{\frac{1 + e^{-4a(l-x)} - 2\,e^{-2a(l-x)}\cos 2\,a\,(l-x)}{1 + e^{-4a(l-x)} + 2\,e^{-2a(l-x)}\cos 2\,a\,(l-x)}\right\}.$$

Wenn $x = o$, ist

$$B = \sqrt{\frac{T\varrho}{C\pi}\left\{\frac{1 + e^{-4al} - 2\,e^{-2al}\cos 2\,al}{1 + e^{-4al} + 2\,e^{-2al}\cos al}\right\}}.$$

Wenn, der Kürze halber, $2\,al = \theta$, so ist

$$B = \sqrt{\frac{T\varrho}{C\pi}}\Bigg/\sqrt{\frac{\dfrac{\theta^2}{2!} + \dfrac{\theta^6}{6!} + \dfrac{\theta^{10}}{10!} + \cdots}{1 + \dfrac{\theta^4}{4!} + \dfrac{\theta^8}{8!} + \cdots}}.$$

Ist $\theta = o$, so wird die zweite Wurzel Null; wenn $\theta = \infty$, wird dieselbe gleich der Einheit.

B wächst also von Null bis $\sqrt{\dfrac{T\varrho}{C\pi}}$, wenn l von 0 bis ∞ wächst.

Hieraus erkennt man, wie wenig der verzögernde Widerstand durch zunehmende Länge des Kabels vergröfsert wird. Thatsächlich strebt derselbe dem Grenzwerte $\sqrt{\dfrac{T\varrho}{C\pi}}$ zu.

Der zweite zu behandelnde Fall des offenen Stromkreises unterscheidet sich von dem bisher besprochenen dadurch, dafs die Quelle, welche reflektiertes Potential und reflektierten Strom erzeugt, in der gleichen Phase mit der ersten Quelle sich befindet; dann neutralisieren sich die Ströme am mittleren Punkte. Da in einem solchen Falle kein Strom diesen Punkt passiert, so ist die Variation des Potentials längs der Linie ausschliefslich abhängig von der Verteilung der Elektrizität an der primären Quelle; der Leiter mag in dem mittleren Punkte aufgeschnitten und das Ende als frei und vollkommen isoliert, als ein Punkt mit dem Nullwerte des Stromes behandelt werden, wie in dem früheren Falle ein Punkt mit dem Nullwerte des Potentials in Betracht gezogen wurde.

Das reflektierte Potential wird sein

$$\varepsilon\, e^{-\sqrt{\frac{\varrho C\pi}{2T}}\,(2l-x)}\; \sin\frac{\pi}{T}\left\{t-\sqrt{\frac{\varrho C T}{2\pi}}\,(2l-x)\right\}$$

und der gegen den Ursprung von x positive Wert des reflektierten Stromes

$$\varepsilon\sqrt{\frac{C\pi}{T\varrho}}\; e^{-\sqrt{\frac{\varrho C\pi}{2T}}\,(2l-x)}\; \sin\frac{\pi}{T}\left\{t-\sqrt{\frac{\varrho C T}{2\pi}}\,(2l-x)+\frac{T}{4}\right\}.$$

Durch Zusammenziehung der primären und sekundären Effekte und Einsetzung von a für $\sqrt{\dfrac{\varrho C\pi}{2T}}$, erhalten wir für das Potential in irgend einem zeitlichen und örtlichen Punkte

$$E=\varepsilon\, e^{-ax}\left\{J+e^{-4a(l-x)}+2e^{-2a(l-x)}\cos 2a\,(l-x)\right\}^{\frac{1}{2}}\sin\left(\frac{\pi t}{T}-ax-y\right),$$

wo
$$\operatorname{tg} y=\frac{e^{-2a(l-x)}\,\sin 2a\,(l-x)}{1+e^{-2a(l-x)}\,\cos 2a\,(l-x)},$$

was darauf hinweist, daſs die Phase des Potentials durch den
endlichen isolierten Leiter gegenüber dem unendlichen verzögert ist.

Der Strom in irgend einem Momente und Punkte ist gegeben
durch

$$J = \varepsilon \sqrt{\frac{C\pi}{T\varrho}}\, e^{-ax}\left\{1 + e^{-4a(l-x)} - 2e^{-2a(l-x)}\cos 2a(l-x)\right\}^{\frac{1}{2}} \times$$

$$\cdot \sin\left(\frac{\pi t}{T} - ax + \frac{\pi}{4} + z\right),$$

wo

$$\operatorname{tg} z = \frac{e^{-2a(l-x)}\sin 2a(l-x)}{1 - e^{-2a(l-x)}\cos 2a(l-x)},$$

was darauf hinweist, daſs durch Anwendung des **endlichen
isolierten** Leiters gegenüber dem unendlichen eine **Voreilung**
der Phase des Stromes eingetreten ist. Aber auch in diesem Falle
sind die Beträge der Phasenunterschiede für Ströme und Potentiale
verschieden.

Die Dynamometerablesung an irgend einem Punkte ist

$$\varepsilon^2 \frac{C\pi}{2T\varrho}\, e^{-2ax}\left\{1 + e^{-4a(l-x)} - 2e^{-2a(l-x)}\cos 2a(l-x)\right\}.$$

Setzen wir $l - x = d$ und somit $x = l - d$, so haben wir für
die Dynamometerablesungen im Abstande d vom freien Ende

$$\varepsilon^2 \frac{C\pi}{2T\varrho}\cdot e^{-2a(l-d)}\left\{1 + e^{-4ad} - 2e^{-2ad}\cos 2ad\right\}$$

$$= \varepsilon^2 \frac{C\pi}{2T\varrho}\cdot e^{-2al}\, e^{2ad}\left\{1 + e^{-4ad} - 2e^{-2ad}\cos 2ad\right\}$$

$$= \varepsilon^2 \frac{C\pi}{2T\varrho}\cdot e^{-2al}\left\{e^{2ad} + e^{-2ad} - 2\cos 2ad\right\}.$$

Wir können hierfür auch schreiben:

$$\varepsilon^2 \frac{C\pi}{T\varrho}\, e^{-2al}\left\{\cosh 2ad - \cos 2ad\right\}\cdot$$

Wie in dem vorhergehenden Falle mag der verzögernde Widerstand B gefunden werden, indem man den Maximalwert von E
durch den Maximalwert von J teilt; daher ist

$$B = \sqrt{\frac{T\varrho}{C\pi}}\sqrt{\frac{1 + e^{-4a(l-x)} + 2e^{-2a(l-x)}\cos 2a(l-x)}{1 + e^{-4a(l-x)} - 2e^{-2a(l-x)}\cos 2a(l-x)}}\cdot$$

In diesem Ausdruck sei $x = 0$ und, der Kürze halber, $2al = \theta$.

Dann wird

$$B = \sqrt{\frac{T\varrho}{C\pi}} \ \sqrt{\frac{1 + \dfrac{\theta^4}{4!} + \dfrac{\theta^8}{8!} + \cdots}{\dfrac{\theta^2}{2!} + \dfrac{\theta^6}{6!} + \dfrac{\theta^{10}}{10!} + \cdots}}$$

Wenn $\theta = 0$, d. h. wenn die Länge des Leiters verschwindend ist,. wird der Ausdruck unter dem zweiten Wurzelzeichen unendlich. Wenn jedoch θ unendlich, d. h. die Länge des Leiters unendlich grofs ist,. dann wird die zweite Wurzel gleich der Einheit. B nimmt also von Unendlich bis zum Werte $\sqrt{\dfrac{T\varrho}{C\pi}}$ ab, während l von 0 bis ∞ wächst..

In jedem Falle also ist $\sqrt{\dfrac{T\varrho}{C\pi}}$ der verzögernde Widerstand eines unendlich langen Kabels, ob es nun an Erde gelegt ist oder nicht.

Die Ausdrücke für B können aufserordentlich einfach gemacht werden durch die Anwendung der Symbole der hyperbolischen Trigonometrie. In dem Falle eines in der Entfernung l vom Beobachtungspunkte an Erde gelegten Leiters haben wir

$$B_1 = \sqrt{\frac{T\varrho}{C\pi}} \left\{\frac{\cosh 2\,a\,l - \cos 2\,a\,l}{\cosh 2\,a\,l + \cos 2\,a\,l}\right\}^{\frac{1}{2}}$$

und in dem Falle eines Leiters, dessen eines Ende in der Entfernung l vom Beobachtungspunkte frei ist, ergibt sich

$$B_2 = \sqrt{\frac{T\varrho}{C\pi}} \left\{\frac{\cosh 2\,a\,l + \cos 2\,a\,l}{\cosh 2\,a\,l - \cos 2\,a\,l}\right\}^{\frac{1}{2}}.$$

Neuntes Kapitel.

Verteilte Kapazität (Fortsetzung). — Telephonie.

Mit Hilfe der gegebenen Formeln, besonders der auf den Fall des an Erde gelegten Kabels bezüglichen, können wir einige wichtige Fragen behandeln, welche bei der Telephonie auf grofse Entfernungen auftauchen. Die Stromabnahme entspricht der Hervorbringung eines zu lautschwachen Tones. Die Thatsache, dafs die Stromschwächung von der Periode abhängig ist und mit abnehmender Periode zunimmt, erklärt die Änderung der Klangfarbe eines zusammengesetzten Tones, dessen Komponenten mit höherer Schwingungszahl die stärkere Abnahme erleiden.

Die Tabelle A des Anhanges (S. 101) erleichtert die Berechnung solcher Wirkungen. Als Beispiel für den Gebrauch der Tabelle wollen wir das folgende Problem behandeln:

Ein Kabel von 0,2 Mikrofarad Kapazität pro Kilometer und 2,5 Ohm Widerstand pro Kilometer ist 40 Kilometer lang. Welches Verhältnis besteht für einen Ton, dessen Periode $\frac{1}{500}$ Sekunde ist, zwischen dem Strome am gebenden zu jenem am empfangenden Ende?

Führen wir als Einheit die Länge des Erdquadranten ein, so besitzt das Kabel pro Kilometer 0,2 Mikrofarad, pro Quadrant demnach 0,002 Farad; deshalb ist $C = 0,002$.

Da der Widerstand des Kabels pro Kilometer 2,5 Ohm beträgt, so ist derselbe für einen Quadranten 25000 Ohm; daher ist $\varrho = 25000$.

Die Periode ist $\frac{1}{500}$ Sekunde; daher ist $2\,T = \dfrac{1}{500}$.

Da die Länge des Kabels 40 Kilometer beträgt, ist $l = 0,004$ eines Quadranten; somit ist der Wert von

$$a = \sqrt{\frac{\varrho\,C\,\pi}{2\,T}} = \sqrt{25\,000 \times 0,002 \times \pi \times 500}$$

oder $a = 280,25$ und $2\,a\,l = 2,24$. Diese Zahl entspricht der Größe θ in der Tabelle.

Suchen wir also zwischen den horizontalen Linien, welche mit 2,2 und 2,3 beginnen, in der $\dfrac{\cosh\theta + \cos\theta}{2}$ überschriebenen Spalte, so können wir mittels Interpolation den Wert 2,06 ableiten. Diese Zahl entspricht dem Verhältnis der Quadrate der Ströme am Geber- und am Empfängerende. Das Verhältnis der Ströme selbst ist dann die Quadratwurzel dieser Zahl, d. h. ungefähr $\frac{144}{100}$.

Untersuchen wir jetzt, wie sich das Verhältnis für einen um eine Oktave tiefer gelegenen Ton stellt. In diesem Falle ist $2\,T = \dfrac{1}{250}$; a ergibt sich gleich 198,17 und die in der Tabelle mit θ bezeichnete Größe $2\,a\,l$ ist gleich 1,59.

Für diesen Wert von θ findet sich $\dfrac{\cosh\theta + \cos\theta}{2}$ aus der Tabelle gleich 1,265 und die Quadratwurzel dieser Zahl $= 1,125$, so dass für diese Note der Telephonstrom im Verhältnisse 112 : 100 geschwächt ist. Für höhere Noten würde die Schwächung der Ströme rasch zunehmen. Für die höhere Oktave des zuerst betrachteten Tones wäre die Stromschwächung im Verhältnis 300 : 100 eingetreten.

Die betrachteten Noten fallen noch innerhalb der Tongrenzen der menschlichen Sprache. Die Grundtöne der Stimme sind zudem von Obertönen begleitet, mittels welcher wir unter gewöhnlichen Verhältnissen die unser Ohr erreichenden Klänge interpretieren. Alle diese Obertöne würden im Verlaufe der Übertragung wesentlich leiden.

Am Ende eines Kabels von einigermaſsen beträchtlicher Länge und Kapazität würden demnach die einzelnen Töne der Stimme in einer ihrer Höhe entsprechenden verminderten Stärke empfangen werden. Würden alle Töne die Schwächung im gleichen Verhältnisse erfahren, so könnte ein Relais angewendet werden, um den verschiedenen Strömen ihre Anfangsstärken zu verleihen, oder sie soweit wiederherzustellen, daſs das Ohr leicht den Charakter des Tones schätzen könnte. Leider besitzt das Ohr nicht die synthetische Kraft, aus den Trümmern der verschieden geschwächten Komponenten den zusammengesetzten Ton zu rekonstruieren. In dieser Überlegung ruht die Grenze der Möglichkeit telephonischer Übertragung. Und bis dieselbe klarer verstanden wird, als dies gegenwärtig der Fall zu sein scheint, werden die Leute nicht einsehen, welch auserlesener Unsinn es ist, wenn sie sich von der Möglichkeit der genauen Wiedergabe aller Modulationen der Stimme einer transoceanischen Primadonna erzählen lassen. Es würde dem Zwecke nur entsprechen, den Wert von $2\,al$ klein zu erhalten. Lord Rayleigh bezeichnete in Montreal die Wechselströme als »geeignet, um sogenannte praktische Elektriker zu erziehen, deren Ideen sich nicht leicht über Ohm und Volt erheben.« Hoffentlich wird sich diese Voraussage erfüllen, denn leider ist der Vorwurf nur zu wohl begründet. In einem speziell über die praktischen Anwendungen der Elektrizität im Jahre 1884 von der Institution of Civil Engineers publizierten Buche findet sich eine Abhandlung von Sir Frederic Bramwell über Telephone, in welcher der Satz vorkommt:

»Sie wissen alle, daſs, wenn eine Eisenplatte . . . einem permanenten Magnet genähert oder von ihm entfernt wird, und dieser Magnet von einer Spule isolierten Drahtes umgeben ist, in dieser Spule elektrische Ströme entstehen werden, welche, je nach der Annäherung der Platte zu, oder der Entfernung derselben von dem Magneten, ihre Richtung ändern werden.«

In diesem Satze ist offenbar angenommen, daſs die Induktion, deren Phase die Phase der Plattenbewegung begleitet, auch von der Phase des Stromes begleitet wird. Der dabei begangene Fehler ist, daſs Induktion von der Natur einer E. M. K., und nicht eines Stromes, ist. Die durch die Plattenbewegung hervorgerufene Induktion ist die elektromotorische Gesamtkraft; doch können auch elektromotorische Kräfte durch Selbstinduktion und Kapazität entstehen, welche dem Strome eine von der Plattenbewegung verschiedene Phase verleihen und ihn zugleich schwächen würden. Beide Wirkungen hängen von der Höhe des die Platten bewegenden Tones ab.

Diese Wirkungen sind es, welche die schlieſsliche Grenze der telephonischen Übertragungen ergeben. In der angeführten Abhandlung lesen wir jedoch weiter unten: »Da Viele gefragt haben, was die Grenze der Möglichkeit sei, so möchte ich erwidern, daſs dieselbe meiner Ansicht nach praktisch von der Vorzüglichkeit der Isolation und der Vermeidung induzierter Ströme abhängt.«

Wenn hier unter induzierten Strömen jene gemeint sind, welche durch zufällige Induktion von auſsen entstehen, so erscheint es wahrscheinlich, daſs solche Ströme die Vernehmbarkeit des Tones nicht so wesentlich beeinfluſsen würden, wie dies durch die Schwächung jener Ströme geschieht, deren Übertragung erwünscht ist. Denn das Ohr, welches schlieſslich das Organ der Tonaufnahme und des Tonverständnisses ist, übt zwar täglich die Kunst der Unterscheidung von zwei oder mehreren gleichzeitigen und einander überdeckenden Lauten, und thatsächlich ist das Ohr ein ausgezeichneter Analysator; für den Prozeſs des Wiederaufbaues aber, welcher notwendig ist, bevor ein entarteter zusammengesetzter Ton wirklich verständlich wird, ist etwas mehr als die Fähigkeit zu analysieren erforderlich, und dies fehlt dem gewöhnlichen Ohre.

Wir kehren zu unserer Untersuchung zurück. Die Dynamometerablesung im Abstande x von der Stromquelle ist für ein am entfernteren Ende an Erde gelegtes Kabel

$$\varepsilon^2 \frac{C\pi}{2\,T\varrho}\, e^{-2ax}\, e^{-2a(l-x)} \left\{ e^{2a(l-x)} + e^{-2a(l-x)} + 2\cos 2a(l-x) \right\}$$

$$= \varepsilon^2 \frac{C\pi}{T\varrho}\, e^{-2al} \left\{ \cosh 2a(l-x) + \cos 2a(l-x) \right\}$$

$$= \varepsilon^2 \frac{C\pi}{T\varrho}\, e^{-2al} \left\{ \cosh 2ad + \cos 2ad \right\},$$

wo d der Abstand vom entfernteren Ende ist. Für ein Kabel, dessen Ende isoliert ist, drückt sich die Dynamometerablesung aus durch

$$\varepsilon^2 \frac{C\pi}{T\varrho}\, e^{-2\,a\,l}\left\{\cosh 2\,a\,d - \cos 2\,a\,d\right\}.$$

Das Verhältnis ist demnach

$$\frac{\cosh 2\,a\,d + \cos 2\,a\,d}{\cosh 2\,a\,d - \cos 2\,a\,d}$$

Nun zeigt ein Blick in die zweite und dritte Spalte der Tabelle dafs der Zähler dieses Bruches nicht immer den Nenner übertrifft. Für gewisse Werte von $2\,a\,d$, namentlich für jene, wo $\cos 2\,a\,d$ gleich Null ist, und welche periodisch wiederkehren, ist der Zähler gleich dem Nenner und wechselt der Überschufs vom einen auf den anderen. Der erste dieser Fälle tritt ein zwischen $\theta = 1{,}5$ und $\theta = 1{,}6$, d. h. wenn $\theta = \dfrac{\pi}{2} = 1{,}57$.

Wenn also die Länge und Struktur des Kabels und die Periode derart sind, dafs $2\,a\,l$ gröfser ist als $1{,}57$, werden Regionen des Kabels existieren, für welche der empfangene Strom intensiver gewesen wäre, hätte man das entfernte Kabelende isoliert gelassen, statt dasselbe an Erde zu legen. Denken wir uns die Kabellänge wachsend, so wechselt dieser Stand der Dinge mit dem umgekehrten in bestimmten Abständen von dem entfernten Ende und zwar in der folgenden Weise:

Bestimme eine Entfernung λ derart, dafs $2\,a\lambda = \dfrac{\pi}{2}$; dann ist

$$\lambda = \frac{\pi}{4\,a} = \frac{1}{4}\sqrt{\frac{2\,T\pi}{\varrho\,C}}.$$

Schneide vom entfernten Ende aus Stücke ab, welche λ, 2λ, 3λ u. s. w. entsprechen.

Dann wird in der Region bis λ, von dem entfernten Ende aus, der Strom gröfser sein, wenn dieses Ende an Erde liegt. In der Region von der Länge 2λ, zwischen 3λ und λ von dem entfernten Ende aus, wird Isolation dieses Endes eine Verstärkung des Stromes bewirken. In der nächsten Region von der Länge 2λ ist die Anlegung an Erde von Vorteil. Und so in wechselnder Reihenfolge weiter für Längen von je 2λ. An den Punkten, wo diese alternierenden Regionen zusammenstofsen, wird in beiden Fällen der gleiche Strom herrschen.

Die Distanz 2λ ist ein Viertel der Wellenlänge der Undulation in einem unendlichen Leiter. (Siehe Seite 45.)

Für Kabel und Note, die in dem Beispiele gewählt sind, ist die Länge $2\lambda = 28$ km.

Zehntes Kapitel.

Kraftübertragung.

Das Problem der Kraftübertragung vermittelst harmonischer Ströme läfst sich durch die geometrische Methode leicht behandeln, ähnlich wie die Probleme örtlicher Kondensatoren und Induktion, und zudem werden einige interessante Eigentümlichkciten durch die Anwendung der Geometrie so klar, dafs dieselben beinahe selbstverständlich erscheinen.

Um einen vorläufigen Begriff von der Möglichkeit einer solchen Wirkung zu geben, denken wir uns ein gewöhnliches Galvanometer dem Einflusse von Wechselströmen unterworfen. Die Impulse auf die als feststehend angesehene Nadel würden in der einen Richtung so oft und so stark erfolgen als in der anderen. Setzen wir aber voraus, der zweite und entgegengesetzte Impuls werde nicht eher erteilt, als bis die Nadel die Totpunktslage passiert hat, welche rechtwinklig zur Spule gelegen sein wird. In diesem Falle wird der zweite Impuls nur die Geschwindigkeit der Rotation der Nadel erhöhen. Eine ähnliche Verzögerung des dritten Impulses, bis der zweite tote Punkt passiert ist, übt gleichfalls eine positive Beschleunigung aus. Diese elementare Form des Problems erleichtert das Verständnis der Möglichkeit desselben. Sie zeigt aber auch noch, dafs die Bewegungs-Richtung der empfangenden Maschine unbestimmt ist. Der Impuls mufs stets der Nadel eine Rotationsrichtung geben; doch hängt die Richtung einfach davon ab, auf welcher Seite des toten Punktes die Nadel sich zufällig befindet. Elektrische Kraftübertragung gestattet somit die Einteilung nach folgenden Sätzen:

Eine Magnetomaschine, welche Strom liefert und als treibende Maschine verwendet wird, gibt einen in der Richtung wechselnden Strom.

Eine ähnliche Magnetomaschine, als Motor verwendet, nimmt eine mit der Stromrichtung wechselnde Drehrichtung an.

Eine dynamoelektrische Maschine, welche Strom liefert und als treibende Maschine verwendet wird, gibt einen Strom, dessen Richtung unbestimmt ist.

Eine als Motor verwendete dynamoelektrische Maschine nimmt eine bestimmte und von der Stromrichtung unabhängige Drehrichtung an.

Eine Wechselstrommaschine, ob sie als treibende oder getriebene Maschine verwendet wird, kann in jeder Richtung laufen. Die Perioden der getriebenen und treibenden Maschine fallen zusammen. Um die Frage allgemeiner und genauer zu behandeln, müssen wir uns erinnern, dafs wir in einem einfachen Stromkreise, der nicht mit Kapazität behaftet ist und durch Quellen alternierender elektromotorischer Kräfte von gleicher Periode beeinflufst wird, alle elektromotorischen Kräfte zu einer einzigen von der gleichen Periode zusammenfassen dürfen. Wenn also AB, BC, CD, DE, EF eine Anzahl von Linien sind, welche in Phase und Gröfse die verschiedenen elektromotorischen Kräfte darstellen, so wird die Verbindungslinie von A und F die eine elektromotorische Kraft darstellen, welche die beobachteten Wirkungen hervorruft. Sollte gegenseitige oder Selbstinduktion vorhanden sein, so kann das Diagramm in der früher angegebenen Weise vervollständigt werden, indem man AF als die einzige elektromotorische Gesamtkraft betrachtet. Wir erhalten dann eine Linie, welche die elektromotorische Nutzkraft darstellt und in der Phase mit dem Strome übereinstimmt. Teilen wir dieselbe durch den Widerstand, so erhalten wir den Strom, und multiplizieren wir das Resultat mit der Projektion irgend einer der einzelnen elektromotorischen Kraft-Komponenten auf die Richtung dieser Linie, so ergibt das halbe Produkt das Mafs der von der betreffenden elektromotorischen Kraft-Quelle geleisteten Arbeit. Nun wird die Projektion jeder der einzelnen Linien positiv sein, wenn der Winkel zwischen ihr und der Linie der elektromotorischen Nutzkraft kleiner als ein rechter ist. Sollte der Winkel gröfser als ein rechter sein, so ist die Projektion negativ. In diesem Falle ist auch die Arbeit negativ und wird von der Quelle aufgenommen. Im ersteren Falle ist die Arbeit positiv, und die Quelle hat dieselbe zu leisten.

Es seien in Fig. 19 AB, BC, CD die elektromotorischen Kräfte dreier Quellen, niedergelegt in ihrer bezw. Phasen; dann ist AD die resultierende elektromotorische Kraft.

Die Tangente des Winkels EDA ist gleich $\dfrac{L\pi}{TR}$, wo L der Selbstinduktionskoeffizient des Stromkreises, R dessen Widerstand, T die halbe Periode der Undulation ist.

AE steht rechtwinklig zu DE.

Von C und B sind CC' und BB' senkrecht auf ED gezogen.

Die von der Quelle AB geleistete Arbeit ist deshalb $\dfrac{ED}{2R} \cdot EB'$;

ähnlich ist die von der Quelle CD geleistete Arbeit $\dfrac{ED}{2R} \cdot C'D$.

Im Diagramm erkennt man aber die Arbeit der Quelle BC als negativ. Daher wird auf diese Quelle die Arbeit $\dfrac{ED}{2R} \cdot C'B'$ verwendet.

Eine solche Quelle stellt also einen Motor dar; sie mag im mechanischen Sinne des Wortes belastet werden und Arbeit verrichten.

Wäre der Selbstinduktionskoeffizient klein und E nahe an A gewesen, so wäre die Projektion von BC auf ED positiv ausgefallen, und die Quelle BC wäre keine stromempfangende gewesen, sondern hätte einen Teil der Arbeit für die Erwärmung des Stromkreises übernommen.

Nachdem wir diese vorläufigen Begriffe festgestellt haben, wollen wir den Fall betrachten, wo wir

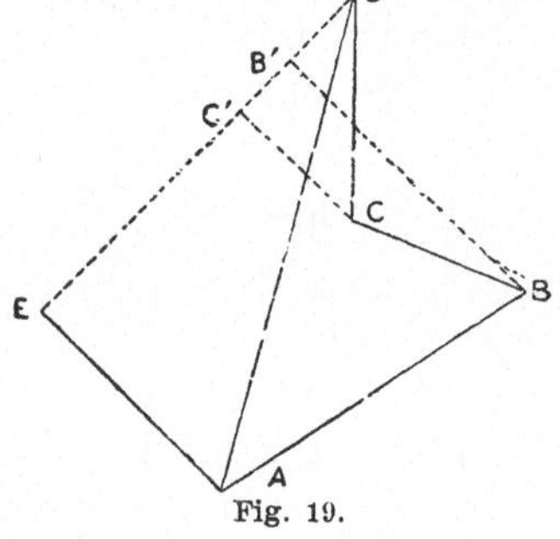

Fig. 19.

zwei in Gröfse und Phase durch AB und BC (Fig. 20) dargestellte Stromquellen haben, von welchen BC die kleinere ist.

Beschreibe über AB als Durchmesser einen Kreis, verbinde A und C und verlängere AC bis zum Schnittpunkte D mit dem Kreise. Trage an CA in Richtung der Verzögerung den Winkel CAF an, dessen Tangente gleich $\dfrac{L\pi}{TR}$ ist. Die Linie AF schneide dann den Kreis in F.

L, T und R haben die bekannten Bedeutungen.

Ziehe CE senkrecht auf AF.

Verbinde B mit D und F, so werden die Linien BD und BF bezw. senkrecht stehen auf AD und AF.

Bezeichnet man dann der Kürze halber die Quelle AB mit A, die Quelle BC mit C, so haben wir die von der Quelle A geleistete Arbeit $= \dfrac{AE \cdot AF}{2\,R}$ und die auf Quelle C übertragene Arbeit $= \dfrac{AE \cdot FE}{2\,R}$.

Es wird also so lange Arbeit auf C übertragen, als E innerhalb des Halbkreises AFB sich befindet, auf welchem F stets liegt. Wird jedoch der Selbstinduktionskoeffizient genügend vergröfsert, so vergröfsert sich der Winkel DAF und F wandert längs des Kreises gegen A, bis F, C und B in einer geraden Linie liegen. Dieser Fall tritt ein, wenn L grofs genug ist, um der Bedingung zu genügen

$$\frac{L\pi}{TR}\sin\theta = \cos\theta - \frac{f}{e}$$

wo θ der Winkel ABC, $AB = e$ und $BC = f$ ist.

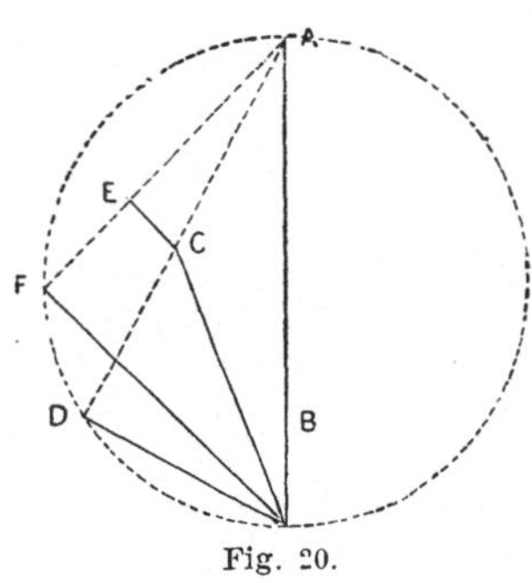

Fig. 20.

Wenn BC so grofs ist, dafs der Punkt C sich dem Umfange nähert, wird C schon aus diesem Grunde allein aufhören, eine stromaufnehmende Quelle zu sein; denn es wird entweder die Projektion von BC auf die Linie der elektromotorischen Nutzkraft verschwinden, wenn der Selbstinduktionskoeffizient verschwindend ist, oder sie wird positiv sein, wenn der letztere einen endlichen Wert besitzt. In diesem Falle aber leistet die Quelle C auch Arbeit.

Angenommen jedoch, die Verhältnisse wären wirklich durch Fig. 20 dargestellt, so dafs die Quelle C mit dem Betrage $\dfrac{FE \cdot EA}{2\,R}$ belastet ist. Dann existiert eine Gleichgewichtsbedingung; es ist jedoch erforderlich nachzuweisen, dafs derselben eine Stellung stabilen Gleichgewichts entspricht. Mit anderen Worten heifst das nur, dafs für stetige Bewegung das Bestreben erforderlich ist, die richtige Lage wieder einzunehmen, nicht aber den

Winkel CBA des Phasenunterschiedes zu vergröfsern, wenn derselbe aus irgend welchen Ursachen eine geringe Variation erlitt.

Zur Erledigung dieses Punktes können wir als einzig variables Element den Phasenunterschied betrachten, und die beiden elektromotorischen Kräfte sowie den Selbstinduktionskoeffizienten als konstant ansehen.

Bei einer Veränderung des Winkels ABC beschreibt C offenbar einen Kreis um B als Mittelpunkt. Nun bleibt AE stets proportional zu AC, da der Cosinus des Winkels EAC der Voraussetzung nach konstant bleibt. Welche Kurve also auch C um A beschreiben mag, stets wird E eine genau gleiche Kurve, wenn auch in dem um den Cosinus des Winkels EAC verringerten Mafsstabe beschreiben.

Die Kurve, welche E beschreibt, wird somit ein Kreis von dem Radius $CB \cos EAC$ sein.

Die von C und E beschriebenen Kreise werden jedoch in Bezug auf AB nicht gleiche Lage besitzen. Da nämlich EA einen konstanten Winkel mit CA bildet, wird vielmehr der von E beschriebene Kreis in der Richtung der Verzögerung um den Betrag des Winkels EAC verschoben und zu gleicher Zeit verkleinert und näher an A im Verhältnis des Cosinus dieses Winkels gerückt sein.

Wir gelangen dadurch auf die folgende Konstruktion, welche wir, um Unklarheit zu vermeiden, in einer neuen Figur darstellen wollen. AB ist die elektromotorische Kraft e der treibenden Maschine. BM ist so von AB abgeschnitten, dafs es der Gröfse nach die elektromotorische Kraft f der getriebenen Maschine darstellt. MCK ist ein Kreis um B mit dem Radius BM. BAD ist der Winkel, dessen Tangente gleich $\dfrac{L\pi}{TR}$ und welcher in Richtung der Verzögerung an BA gelegt ist. MN ist eine Senkrechte auf AD, so dafs $DN = BM \cos DAB$; $SNEQ$ ist ein Kreis um D mit dem Radius DN, welcher den über AB als Durchmesser beschriebenen Kreis BDK in Q und R, und die Gerade MB in S schneidet. Da nun

$$AN : AM = ND : MB = \cos DAB : 1$$

und

$$\operatorname{tg} BAD = \frac{L\pi}{TR},$$

so mufs nach den vorhergehenden Überlegungen $SNEQ$ der von dem Punkte E der Figur 20 beschriebene Kreis sein.

Sei nun BC irgend eine besondere Lage der elektromotorischen Kraft der getriebenen Maschine und E der entsprechende Punkt auf dem um D geschlagenen Kreise.

Die Verlängerung von AE schneide den Kreis BDA in F.

Dann verhält sich die von A geleistete Arbeit: der auf C übertragenen: der im Stromkreise verausgabten, wie $AF : FE : EA$.

Es habe nun eine Lagenveränderung von BC stattgefunden, so dafs der Winkel ABC kleiner geworden, d. h. C näher an M

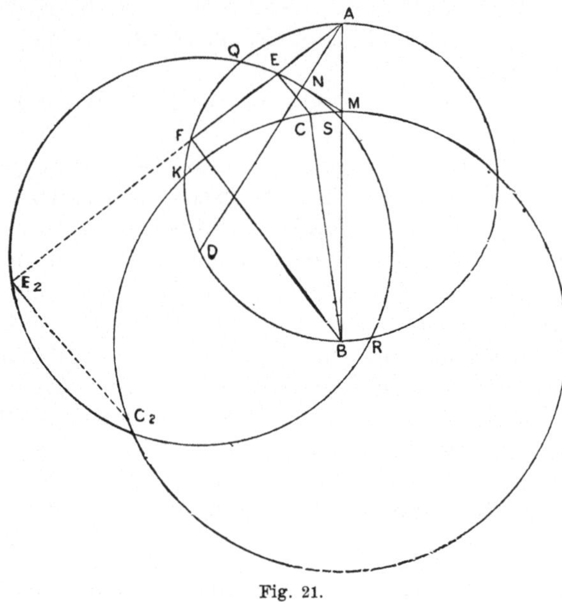

Fig. 21.

gerückt sei; dann wird offenbar auch E näher an S und F weiter von Q gerückt sein, so dafs sowohl AF als auch FE gröfser geworden sind.

AF ist aber proportional der von der treibenden Maschine geleisteten Arbeit; es wird also auf diese Maschine eine gröfsere Last geworfen und AB wird in Richtung der Verzögerung verschoben werden, der Winkel CBA wird also aus diesem Grunde sich wieder zu vergröfsern suchen.

Weiterhin aber ist die auf C übertragene Arbeit proportional zu FE, welche Gröfse zugenommen hat. Da die an C gehängte Last die gleiche geblieben ist, und die auf C übertragene Arbeit gröfser als nötig ist, wird diese Maschine schneller laufen. Auch aus diesem Grunde wird also der Winkel CBA sich zu erweitern und seine frühere Gröfse anzunehmen streben.

Nehmen wir ferner an, C sei von M weggerückt worden, was einer Verzögerung der treibenden Maschine entspricht.

In diesem Falle würden sowohl AF, als auch FE kleiner werden. Die Antriebsmaschine würde also schneller laufen und somit würde AB vorrücken, um den Winkel ABC wiederherzustellen. Die Quelle C würde zu wenig Arbeit erhalten und somit bei gleicher Belastung eine Verzögerung erfahren, aus welchem Grunde ebenfalls der Winkel CBA wieder verringert werden würde.

Bei einer solchen Stellung wäre also stabiles Gleichgewicht für die Bewegung vorhanden.

Wie bei einer Magnetnadel in einem magnetischen Felde sind auch hier zwei Gleichgewichtslagen vorhanden — die eine Lage stabilen, die andere instabilen Gleichgewichtes; doch sind diese Punkte hier nicht wie bei der Nadel einander genau entgegengesetzt. Im Gegenteil suchen diese zwei Lagen sich einander umsomehr zu nähern, je mehr die elektromotorischen Kräfte der Gleichheit zustreben, und der Winkel zwischen diesen Lagen ist jener Winkel, durch welchen die getriebene Maschine ohne dauernde Störung der Stetigkeit der Bewegung verzögert werden kann; wenn jedoch die Verschiebung diesen Winkel überschreitet, sucht die getriebene Maschine mehr und mehr zurückzubleiben, bis sie schliefslich stehen bleibt.

Zwei Stellungen von E sind vorhanden, in welchen keine Arbeit übertragen wird; das sind jene Punkte Q und R, wo die zwei Kreise $SNEQ$ und $BDQA$ einander schneiden. Wenn E auf dem Abschnitte QSR liegt, wird Arbeit auf die Quelle C übertragen; liegt jedoch E auf dem anderen Teile des Kreises, so wird Arbeit von der Quelle C geleistet.

Für irgend eine Richtung AE existieren in der Regel zwei Punkte, wo eine von A gezogene Linie den Kreis $SNEQ$ schneidet. Es seien E und E_2 ein solches Paar von Punkten, und C_2 sei die mit E_2 korrespondierende Stellung von C.

Die von der Quelle A pro Zeiteinheit geleistete Arbeit wird in dieser Lage gleich $\dfrac{AE_2 \cdot AF}{2R}$, und die von der Quelle C geleistete gleich $\dfrac{AE_2 \cdot FE_2}{2R}$ sein. Das Verhältnis der letzteren zur ersteren ist also $\dfrac{FE_2}{AF}$.

Während sich nun E_2 von Q nach R auf dem Kreise QE_2R bewegt, beginnt die obige Relation bei dem Werte Null, wächst bis zu einem positiven Maximum und nimmt dann wieder bis auf Null ab. Es wird daher zwei Stellungen geben, für welche die Relation einen bestimmten gegebenen Wert besitzt, und von welchen die eine instabiles, die andere stabiles Gleichgewicht für die eine oder andere der Quellen darstellt.

Wir wollen die verschiedenen Arbeiten, welche Erwähnung fanden, durch den Winkel ABC ausdrücken, um welchen der Phasenunterschied der zwei elektromotorischen Kräfte kleiner ist als zwei rechte Winkel. Er werde θ genannt. Der Winkel BAC werde mit φ, der Winkel BAD mit β bezeichnet.

Zunächst bemerkt man, daß die vervollständigten Dreiecke DEA und BCA einander ähnlich sind, da die drei Seiten einander proportional sind,

$$AE = AC \cdot \cos \beta,$$
$$ED = CB \cdot \cos \beta,$$
$$DA = BA \cdot \cos \beta.$$

Aus dem Dreieck ACB folgt

$$AC : BC = \sin \theta : \sin \varphi$$

oder

$$AC = f \cdot \frac{\sin \theta}{\sin \varphi}$$

und somit

$$AE = f \cdot \frac{\cos \beta \sin \theta}{\sin \varphi}.$$

Ebenso ergibt sich aus dem Dreieck ABC

$$\frac{e}{f} = \frac{\sin (\varphi + \theta)}{\sin \varphi} = \cos \theta + \cotg \varphi \sin \theta,$$

und aus dem rechtwinkeligen Dreiecke AFB

$$AF = AB \cdot \cos FAB = e \cos (\varphi + \beta).$$

Daher ist $AF \cdot AE = ef \cos \beta \sin \theta \, \dfrac{\cos (\varphi + \beta)}{\sin \varphi}$

$$= ef \cos^2 \beta \sin \theta \cot \varphi - ef \cdot \cos \beta \sin \theta \sin \beta$$

$$= ef \cdot \cos^2 \beta \left(\frac{e}{f} - \cos \theta \right) - ef \cos \beta \cdot \sin \beta \cdot \sin \theta$$

$$= e \cos \beta \left\{ e \cos \beta - f \cdot \cos (\theta - \beta) \right\}.$$

Die von der Quelle A pro Zeiteinheit geleistete Arbeit $\dfrac{AF \cdot AE}{2R}$ ist somit gleich

$$\frac{e^2 \cos^2 \beta - ef \cdot \cos \beta \cos (\theta - \beta)}{2R} \quad \ldots \ldots \quad (\alpha)$$

Weiterhin ist aus dem Dreiecke CEA

$$AE = AC \cdot \cos CAE = AC \cdot \cos \beta$$

oder

$$AE^2 = AC^2 \cdot \cos^2 \beta$$

und aus dem Dreieck ACB

$$AC^2 = BC^2 + AB^2 - 2 BC \cdot AB \cdot \cos ABC$$
$$= f^2 + e^2 - 2 ef \cos \theta.$$

Daher ist

$$AE^2 = \cos^2 \beta \left\{ e^2 + f^2 - 2 ef \cos \theta \right\},$$

oder der zur Erwärmung des Stromkreises verbrauchte Effekt

$$\frac{AE^2}{2R} = \frac{e^2 \cos^2 \beta + f^2 \cos^2 \beta - 2 ef \cos \theta \cos^2 \beta}{2R} \quad \ldots \quad (\beta)$$

Der Unterschied zwischen diesen zwei Größen ist der übertragene Effekt, welcher auf die Quelle C einwirkt. Diese Differenz ist aber gleich

$$\frac{ef \cdot \cos \beta \cos (\theta + \beta) - f^2 \cos^2 \beta}{2R} \quad \ldots \ldots \quad (\gamma)$$

Der Wirkungsgrad der Übertragung ergibt sich durch Division des Ausdruckes (γ) durch den Ausdruck (α) für den Effekt der Quelle A. Dieser Wirkungsgrad ist somit gleich

$$\frac{f}{e} \left\{ \frac{e \cos (\theta + \beta) - f \cos \beta}{e \cos \beta - f \cos (\theta - \beta)} \right\} \quad \ldots \ldots \quad (\delta)$$

Es sei in Figur 22 $AB = e$ und Winkel $BAD = \beta$. BDA ist ein Kreis über AB als Durchmesser mit dem Mittelpunkte K. Sei D der Mittelpunkt jenes Kreises, welcher in den früheren Figuren der geometrische Ort für den Punkt E war, und welcher BDA wie zuvor, in R und Q, sowie die verlängerte Gerade AD in N und P schneidet. Verbinde D mit K und verlängere die Linie nach beiden Seiten bis zum Schnitt mit diesem Kreise in E_1 und E_2, sodaſs der Punkt K auf DE_1 liegt. Ziehe auch $E_4 D E_3$ parallel zu BA, sodaſs diese neue Gerade denselben Kreis in E_4 und E_3 schneidet und den Winkel $E_3 DA$ gleich β bildet.

Der Ausdruck für den Effekt von A zeigt den gröſsten Wert, wenn $\theta = \pi + \beta$, und den kleinsten, wenn $\theta = \beta$; doch bleibt er stets positiv, solange $e \cdot \cos \beta$ gröſser ist als f. Ist dies nicht mehr der Fall, so kann auf A Arbeit übertragen werden.

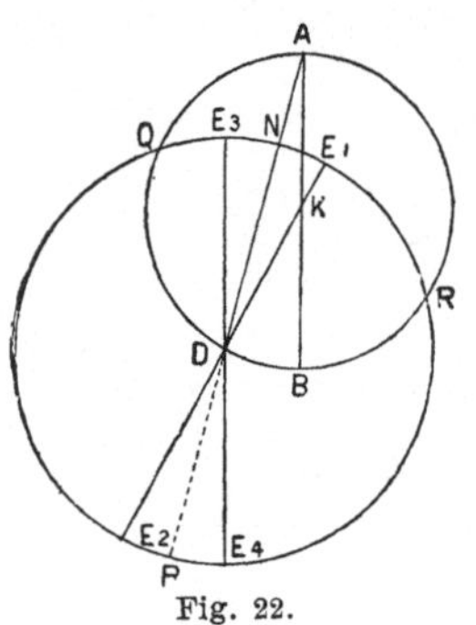

Fig. 22.

$\sphericalangle\, A D E_3$ ist der den Wert von θ ergebende Winkel, für den Fall, daſs die von der Quelle A geleistete Arbeit den kleinsten Wert besitzt; und $\sphericalangle\, A D E_4$, welcher $> \pi$, ist der Wert von θ für die gröſste Arbeitsleistung der Quelle A.

Der Ausdruck für die auf C pro Zeiteinheit übertragene Arbeit, welcher durch Gleichung (γ) gegeben ist, zeigt, daſs diese Arbeit für $\theta = -\beta$, d. h. für den Winkel $ADE_1 = \theta$ am gröſsten, und daſs für $\theta = \pi - \beta$, d. h. $ADE_2 = \theta$ die auf C übertragene Arbeit negativ und ein Minimum ist, d. h. daſs C seine gröſste Arbeit zu verrichten hätte.

Auf dem von E beschriebenen Kreis sind jetzt die wichtigen Punkte $QRE_1 E_2 E_3 E_4$ festgelegt und können wir aus den obigen Betrachtungen sehr bequem die Frage der Stabilität diskutieren. Wir denken uns E im positiven Sinne kreisend.

Was den Punkt E_3 anlangt, so können wir bemerken, daſs er, wenn DN genügend groſs ist, auſserhalb des Kreises ADB liegen wird (Fig. 23). Die Bedingung dafür, daſs dies nicht der Fall ist, wird durch die Ungleichung ausgedrückt, daſs $\dfrac{f}{e}$ kleiner sein muſs als $\dfrac{\cos 2\,\beta}{\cos \beta}$. Wir setzen diese Bedingung als erfüllt voraus. Während E von E_1 nach Q wandert, findet eine Arbeitsübertragung auf C statt, welche von dem Maximalwerte in E_1 bis auf Null bei Q abnimmt. Soweit also C in Betracht kommt, wird die Bewegung stabil sein, da eine Verzögerung seiner Bewegung von einer gröfseren auf C übertragenen Arbeitsmenge begleitet ist, und umgekehrt.

Während E von Q nach E_2 kreist, wird C Arbeit leisten von Null bei Q bis zum Maximum bei E_2.

Die Bewegung von C wird daher stabil sein, da eine Verzögerung seiner Bewegung auch einer geringeren von C geforderten Leistung entspricht, und umgekehrt.

Während E sich von E_2 nach R und schliefslich nach E_1 bewegt, wird in Bezug auf C Instabilität herrschen.

Betrachten wir nun Quelle A. Während E von E_3 nach E_4 durch E_2 passiert, steigt die pro Zeiteinheit geleistete Arbeit von ihrem Minimum bei E_3 zu ihrem Maximum bei E_4. In diesem Halbkreise wird also die Bewegung von A instabil sein, da irgend eine Verzögerung von A von einer gröfseren Leistungsanforderung begleitet ist, und umgekehrt, so dafs die Verschiebung sich noch vergröfsert.

Während E von E_4 nach E_3 durch R sich bewegt, nimmt die von A geleistete Arbeit von ihrem Maximum auf ihren minimalen Wert ab. In diesem Halbkreise wird also die Bewegung von A stabil sein, da irgend eine Verzögerung seinerseits, welche einem Vorschreiten von E entspricht, von einer kleineren Anforderung an Leistung begleitet ist, und umgekehrt, sodafs die Verschiebung abzunehmen strebt. Zwischen E_1 und E_3 ist also absolute Stabilität für beide Quellen,

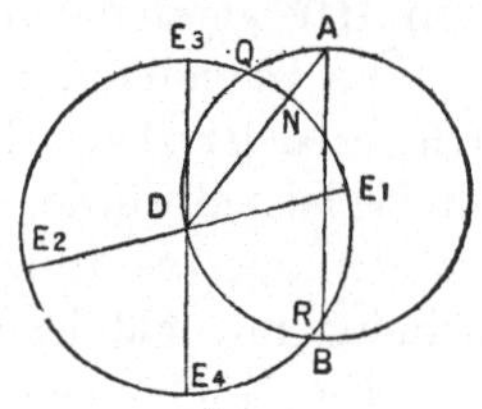

Fig. 23.

und zwischen E_2 und E_4 absolute Instabilität. In den übrigen Gebieten würde sich die Notwendigkeit eines Zwanges auf die eine oder andere der Quellen zeigen. Zwischen E_3 und E_2 würde die Quelle A Zwang erfordern; zwischen E_4 und E_1 wäre das für die Quelle C der Fall.

Stehen beide Quellen unter einem Zwange, so ist eine stabile Stellung von E zwischen E_2 und E_4 möglich.

Unter den durch Fig. 22 dargestellten Umständen erscheint es somit unmöglich, beide Quellen gleichzeitig ohne Anwendung eines Zwanges Arbeit leisten zu lassen; diese Unmöglichkeit entsteht jedoch aus der Thatsache, dafs E_3 näher an N liegt als Q. Wenn, wie in Fig. 23, Q näher an N ist als E_3, d. h. wenn $\dfrac{f}{e} > \dfrac{\cos 2\,\beta}{\cos \beta}$, ist die Unmöglichkeit behoben und jede der Quellen trägt einen Teil zur Erwärmung des Stromkreises bei.

Dr. Hopkinson hat behauptet, daſs zwei Maschinen nicht so in Serie arbeiten können, daſs jede Arbeit leistet; doch ist seine Begründung in diesem Falle nicht genügend. Seine Angabe ist jedoch sehr allgemein von Praktikern der Elektrotechnik als richtig angenommen worden.

Als Beispiel setzen wir voraus, es sei $e = 200$ Volt

$$f = 150 \quad „$$
$$R = 20 \text{ Ohm}$$
$$\beta = 40^\circ$$
$$\theta = 30^\circ.$$

Dann wird man die von A geleistete Arbeit gleich 20,68 Watt, und die von C geleistete Arbeit gleich 133,28 Watt finden, sodaſs im ganzen 153,96 Watt den Stromkreis erwärmen.

Und wenn die Antriebsmotoren jeder Maschine nur die 20,68 Watt bezw. 133,28 Watt lieferten, so würden die zwei Maschinen in eine stabile Bewegung mit einer Phasendifferenz von 150° geraten, und als Erwärmungsarbeit 153,96 Watt liefern.

Es ist vollkommen wahr, daſs eine der Maschinen, mit genügend groſser Kraft angetrieben, allein mehr im Stromkreise leisten würde, als die beiden zusammen; doch ist diese Frage vollkommen verschieden von jener, ob zwei Arbeit leistende Maschinen mit stabiler Bewegung in Serie laufen können oder nicht.

Die Möglichkeit der Kraftübertragung hängt, wie man sieht, von dem Werte des Winkels $E_1\,D\,E_3$ ab, welcher gleich $2\,\beta$ ist. Wenn E im Punkte N gelegen ist, ist der Wirkungsgrad nicht an seinem Maximalwerte, sondern besitzt den Wert $\dfrac{f}{e}$, welches der höchste Wirkungsgrad bei Übertragung mit Gleichströmen ist. Es scheint also, als ob Wechselstrom zur Kraftübertragung sich nicht ungünstig gegen Gleichstrom zu diesem Zwecke stellt. Um die Lage von E zu finden, welche den maximalen Wirkungsgrad der Übertragung ergibt, verfahre wie folgt, Fig. 24.

Nenne den über AB als Durchmesser beschriebenen Kreis den F-Kreis, da F stets auf ihm liegt, und bezeichne anolog den Kreis, auf welchem E stets liegt, als E-Kreis.

Wir suchen die besondere Stellung von E auf seinem Kreise, welche das Verhältnis $\dfrac{FE}{AF}$ so groß als möglich macht, oder, was dasselbe sagt, $\dfrac{AE}{AF}$ so klein als möglich. Seien e und f die zwei elektromotorischen Kräfte. Sei $AB = e$ und $BM = f$. Beschreibe den F-Kreis über AB und trage $\sphericalangle BAD$ wie früher ab, als einen Winkel, dessen Tangente gleich $\dfrac{L\pi}{Tr}$ ist.

D liegt auf dem F-Kreis. Ziehe MN senkrecht auf AD und beschreibe mit dem Abstande DN einen Kreis um D als Mittelpunkt. Dies ist der E-Kreis, denn sein Mittelpunkt ist D und sein Radius ist

$$DN = BM \cdot \cos DAB.$$

Durch D ziehe den Radius DH parallel AB, sodaß H auf derselben Seite von D ist, wie M von A. Verbinde A und H durch eine gerade Linie, welche den E-Kreis in E und den

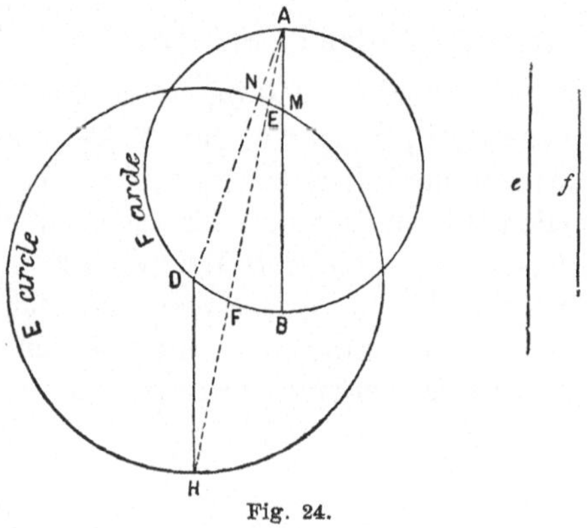

Fig. 24.

F-Kreis in F schneidet. Dann sind dies die besonderen Lagen auf den Kreisen, welche das Verhältnis $\dfrac{FE}{AF}$ zu einem Maximum machen; $\dfrac{FE}{AF}$, wie es hier gefunden wurde, ist also der maximale Wirkungsgrad. Und wenn D und E verbunden werden, wird der Winkel ADE den Phasenunterschied zwischen den elektromotorischen Kräften geben, welcher zur Erreichung dieses Wirkungsgrades erforderlich ist.

Denn es ist klar, daß das Verhältnis $\dfrac{FE}{AF}$ irgend einen maximalen (nicht minimalen) Wert zwischen den Lagen hat, wo E und F zusammenfallen, d. h. wo die beiden Kreise sich schneiden. Und weil DH parallel AB ist und beide Linien von AH geschnitten werden, ist der Winkel $DHE =$ dem Winkel BAF.

Nun gehen außerdem DH und BA durch die Mittelpunkte der zwei entsprechenden Kreise; deshalb muß die Linie AH, welche mit BA und DH gleiche Winkel bildet, die Peripherien des E- und F-Kreises unter dem gleichen Winkel treffen. Es müssen also in den Punkten E und F, wo AH den E- und F-Kreis trifft, die Bögen dieser Kreise einander parallel sein. Eine sehr kleine Verschiebung von E und F aus diesen Stellungen würde somit keine Veränderung des Verhältnisses ergeben, in welchem E die Strecke AF teilt.

Dieses Verhalten ist jedoch das Charakteristikum eines maximalen oder minimalen Wertes eines solchen Verhältnisses. Der maximale Wirkungsgrad ist also $\dfrac{FE}{AF}$; zudem ist früher schon bewiesen worden, daß das Dreieck ADE ähnlich ist einem anderen Dreiecke, in welchem die zu AD und DE homologen Seiten die elektromotorischen Kräfte selbst sind. Zur Erreichung des maximalen Wirkungsgrades müssen somit die Phasen von f hinter den Phasen von e um den Winkel $(180^0 + ADE)$ zurückbleiben, oder was dasselbe ist, denselben um den Winkel $(180^0 - ADE)$ oder $(\pi - ADE)$ vorangehen. Auf die Zeit bezogen, ergibt sich für die Phasenverschiebung der Ausdruck

$$\frac{(\pi - ADE)}{2\,\pi}\,2\,T \quad \text{oder} \quad \left(1 - \frac{ADE}{\pi}\right) T.$$

Es ist ohne weiteres klar, daß $\dfrac{DN}{AD}$ das Verhältnis von f zu e ist. Der maximale Wirkungsgrad $\dfrac{FE}{AF}$ übersteigt diesen Wert und zwar infolge des Vorhandenseins eines Selbstinduktionskoeffizienten, bei dessen Abwesenheit D mit B zusammenfallen würde.

Nachtrag. Analytische Ausdrücke.

Der Wert des maximalen Wirkungsgrades ist in Symbolen

$$\frac{f}{e}\left(\frac{1 + \dfrac{f}{e}\cos\beta}{\dfrac{f}{e} + \cos\beta}\right),$$

wo

$$\operatorname{tg}\beta = \frac{L\pi}{Tr}.$$

Der Bruch

$$\frac{1 + \dfrac{f}{e}\cos\beta}{\dfrac{f}{e} + \cos\beta}$$

ist ein unechter, wie leicht zu beweisen ist. Und der Winkel ADE kann, wenn nötig, wie folgt berechnet werden:

$$\sphericalangle ADE = (2\,\chi - \beta),$$

wo

$$\operatorname{tg}\chi = \frac{\sin\beta}{\cos\beta + \dfrac{f}{e}}.$$

(χ ist der Winkel DAH oder BAH).

Für die logarithmische Berechnung setzen wir $\dfrac{f}{e} = \cos a$, dann folgt

$$\operatorname{tg}\chi = \frac{\sin\beta}{2\cos\dfrac{\beta+a}{2}\cdot\cos\dfrac{\beta-a}{2}}.$$

Es mag Arbeit von der Quelle e auf die Quelle f übertragen werden, selbst wenn $f > e$, vorausgesetzt, dafs $f\cos\beta$ nicht $> e$, wie sich sofort aus der oben gegebenen geometrischen Konstruktion ersehen läfst. Und in jedem Falle ist die Bedingung für den maximalen Wirkungsgrad eine Stabilitätsbedingung, da die durch diese Konstruktion gefundene Lage von E innerhalb des Gebietes liegt, für welches sich beide Maschinen in stabiler Bewegung befinden.

Elftes Kapitel.

Über die Anwendung des zweispuligen Dynamometers bei Wechselströmen.

Das gebräuchliche Dynamometer besteht aus zwei Spulen, welche zur Führung des nämlichen Stromes bestimmt sind; das Instrument wird daher gewöhnlich in der Ausführung geliefert, dafs die Spulen hintereinander geschaltet sind, so dafs das Ende der ersten Spule an den Anfang der zweiten sich anschliefst. Der Experimentator hat so zu seinen Schaltungen nur den Anfang der ersten und das Ende der zweiten Spule zur Verfügung.

Die auf die Aufhängung der beweglichen Spule ausgeübte Torsion sucht diese Spule in irgend eine bestimmte und zwar gewöhnlich, aber nicht notwendigerweise, in die rechtwinklige Lage zur anderen Spule zu bringen, und mifst bei konstantem Strom das Quadrat desselben, bei harmonischem Strom die Hälfte des Quadrates, wenn als Strom der Maximalwert desselben bezeichnet wird. In diesem Sinne habe ich die Funktion $\dfrac{J^2}{2}$ des harmonischen Stromes J die Dynamometerablesung genannt. Denken wir uns jedoch den Fall, dafs der Experimentator auch Zugang zu der Endklemme der ersten und der Anfangsklemme der zweiten Spule aufser zu den beiden gewöhnlich freien Enden derselben hat, dafs er ferner einen harmonischen Strom durch die erste Spule, einen anderen harmonischen Strom durch die zweite Spule sendet und dafs als einzige Bedingung die beiden Ströme von gleicher Periode seien. Wie grofs wird in einem solchen Falle die Dynamometerablesung sein? Welche Torsion wird erforderlich sein, um die Spulen in die normale Lage zurückzuführen? In einem solchen Falle wird die Dynamometerablesung die Gröfse $\dfrac{J_1 J_2}{2} \cos \theta$ messen, wo J_1, J_2 die Maximalwerte der Ströme und θ der Winkel des Phasenunterschiedes zwischen den Strömen, d. h. $\theta = \dfrac{\pi t}{T}$ ist, wenn t das Zeitintervall darstellt, in welchem die Phasen des einen Stromes den gleichen Phasen des anderen Stromes folgen.

Die Richtigkeit dieser Angabe folgt sofort aus dem in dem ersten Kapitel gegebenen ersten geometrischen Lehrsatze, wenn als die zwei dort betrachteten Gröfsen J_1, bezw. J_2 aufgefafst werden.

Ich schlage vor, die Ablesung des Dynamometers unter solchen Umständen die **Ablesung der Kraft** zu nennen und der Funktion $\dfrac{J_1 J_2}{2} \cos \theta$ den gleichen Namen zu verleihen. Diese Bezeichnung ist dann zulässig, wenn das Instrument so graduiert ist, dafs der Zeiger den Einheitswinkel angibt, wenn in jeder der Spulen die Einheit eines gleichgerichteten Stromes fliefst.

Unter eben dieser Voraussetzung wurde auch bei der gebräuchlichen Schaltung $\dfrac{J^2}{2}$ die **Ablesung des Dynamometers** genannt.

Das Instrument kann in ein Dynamometer der gebräuchlichen Konstruktion verwandelt werden, indem man zwischen die Endklemme der ersten und die Anfangsklemme der zweiten Spule einen dicken Draht legt und so die zwei Spulen in Serie schaltet.

Es ist somit klar, daſs ein solches Dynamometer zunächst die zwei Dynamometerablesungen $\dfrac{J_1{}^2}{2}$ und $\dfrac{J_2{}^2}{2}$ der beiden Ströme und drittens $\dfrac{J_1\,J_2}{2}\cos\theta$, die Kraftablesung geben kann. Eine Vergleichung dieser drei Ablesungen wird also den wichtigen Winkel θ der Phasendifferenz ergeben und infolgedessen auch alle Gröſsen, von welchen dieser Wert abhängt.

Es seien die drei Ablesungen a_1, a_2, a_3, sodaſs

$$\frac{J_1{}^2}{2} = a_1, \quad \frac{J_2{}^2}{2} = a_2, \quad \frac{J_1\,J_2}{2}\cos\theta = a_3$$

oder

$$J_1{}^2 J_2{}^2 = 4\,a_1\,a_2 \quad \text{und} \quad \cos\theta = \frac{a_3}{\sqrt{a_1\,a_2}}.$$

Die letztere Formel für $\cos\theta = \dfrac{a_3}{\sqrt{a_1\,a_2}}$ bleibt auch gültig, wenn das Instrument nicht der Voraussetzung entsprechend, sondern in irgend einer gleichförmigen Weise graduiert ist, die übliche Gradeinteilung natürlich eingeschlossen.

Bevor wir dazu übergehen, die Anwendung dieser Methode auf besondere Fälle zu studieren, erscheint es wünschenswert, die folgende Eigentümlichkeit hervorzuheben. Während bei Abnahme einer Dynamometerablesung die auf die Aufhängevorrichtung auszuübende Torsion stets in der nämlichen Richtung zu erfolgen hat, kann die Verdrehung, wenn eine Kraftablesung gemacht werden soll, auch in der anderen Richtung erforderlich sein. Die Richtung hängt nur von dem Wert des $\cos\theta$ ab. Sollte die Tendenz entgegen der gebräuchlichen Richtung vorhanden sein und die mechanische Anordnung des Instrumentes oder die Richtung der Teilung es erfordern, so kann durch Vertauschung der Enden einer Spule mit Bezug auf den Hauptstromkreis eine Umkehrung hervorgerufen werden.

Die vorhergehenden Kapitel waren hauptsächlich der Schilderung der Effekte von Selbstinduktion, gegenseitiger Induktion, örtlichen oder verteilten Kondensatoren auf die Werte und Phasen der resultierenden Ströme des Systemes gewidmet. Alle Ströme in den betrachteten Systemen besaſsen gleiche Periode. Wenn wir also in dem Dynamometer ein Instrument besitzen, welches die verschiedenen Ströme zu messen und ihren Phasenunterschied aufzufinden gestattet, so besitzen wir die Mittel, die Werte der Koeffizienten der Selbst- und gegenseitigen Induktion und die Kapazität der Kondensatoren zu berechnen.

Als Beispiel wollen wir den Fall einer harmonischen Quelle elektromotorischer Kraft nehmen, welche in einer primären Spule und durch diese induzierend auf eine sekundäre Spule wirkt. Die zunächst bestimmten Dynamometerablesungen für die beiden Ströme seien a_1 und a_2. Die Kraftablesung sei a_3. Dann wird der Cosinus des Winkels des Phasenunterschiedes $\dfrac{a_3}{\sqrt{a_1\,a_2}}$ sein.

Ein Blick auf Fig. 9, Seite 13, zeigt uns als diesen Winkel BCF oder CEA, dessen Cotangente gleich $\dfrac{L'\pi}{r\,T}$ ist, wo L' den Selbstinduktionskoeffizienten der zweiten Spule darstellt.

Es ist aber

$$\operatorname{cotg}^2\theta = \frac{\cos^2\theta}{1-\cos^2\theta} \quad \text{oder} \quad \left(\frac{L'\,\pi}{r\,T}\right)^2 = \frac{a_3{}^2}{a_1\,a_2 - a_3{}^2}$$

und somit

$$L' = \frac{r\,T}{\pi} \cdot \frac{a_3}{\sqrt{a_1\,a_2 - a_3{}^2}}.$$

Aus den bekannten Werten der Periode und des Widerstandes läſst sich somit der Koeffizient der Selbstinduktion der zweiten Spule bestimmen.

Den Wert des Koeffizienten M der gegenseitigen Induktion kann man ohne weitere Beobachtungen finden; nämlich

$$\frac{CA}{CE} = \sin\theta \quad \text{und} \quad \frac{CE}{CF} = \operatorname{tg} CFE = \frac{M\pi}{R\,T}$$

Daher

$$\frac{CA}{CF} = \frac{M\pi}{R\,T} \cdot \sin\theta.$$

Es ist aber

$$\frac{CA}{r} = J_2 \quad \text{oder} \quad CA = r\,\sqrt{2}\,a_2$$

und ähnlich ist auch

$$\frac{CF}{R} = J_1 \quad \text{oder} \quad CF = R\,\sqrt{2\,a_1},$$

daher

$$\frac{r}{R}\,\sqrt{\frac{a_2}{a_1}} = \sqrt{\frac{a_1\,a_2 - a_3{}^2}{a_1\,a_2}} \cdot \frac{M\pi}{R\,T}$$

und deshalb

$$M = \frac{r\,T}{\pi} \cdot \frac{a_2}{\sqrt{a_1\,a_2 - a_3{}^2}}.$$

Sollte der Selbstinduktionskoeffizient der primären Spule gesucht werden, so kann er dadurch bestimmt werden, daſs man dieselbe temporär zur secundären Spule macht und in der soeben geschilderten Weise vorgeht. Eine zweite Bestimmung von M aus der zweiten Beobachtungsreihe dient als Kontrolle für die erste Reihe.

Nebenbei mag auch noch erwähnt werden, daſs bei der Bestimmung von L' und M der Widerstand R der primären Spule nicht bekannt zu sein braucht, da sein Symbol in den Gleichungen für diese Gröſsen nicht vorkommt. Irgend eine Änderung in dem Werte des Widerstandes der primären Spule wird also die relativen Werte von a_1, a_2 und a_3, von welchen M und L' abhängen, nicht ändern, weil diese Gröſsen unabhängig von R sind.

Die Einschaltung eines Widerstandes in die primäre Spule kann also verwendet werden, um alle Ablesungen paarweise auf Werte innerhalb der Empfindlichkeitsgrenzen zu bringen. Setzen wir z. B. voraus, es sei $a_1 > a_2 > a_3$. Dann kann es sich ereignen, daſs, wenn der Widerstand des primären Kreises derart ist, daſs a_1 genau abgelesen werden kann, a_3 zu klein ausfällt, um genau sein zu können. In diesem Falle liest man nur noch a_2 ab. Dann schaltet man Widerstand im primären Kreise aus. Alle Ablesungen steigen dann, a_1 kann sogar einen auſserhalb der Skala liegenden Wert ergeben, a_3 würde aber einen annehmbaren Wert erreichen und kann mit a_2 verglichen werden. Man wird a_2 in einem bestimmten Verhältnisse vergröſsert finden. In demselben Verhältnisse muſs man a_3 reduzieren, um einen Wert zu erhalten, welcher mit den früheren Werten von a_1 und a_2 zu unmittelbarem Gebrauche in den Gleichungen geeignet ist.

Bei der Bestimmung der Kapazität eines Kondensators mittels eines Wechselstromes können wir den Stromkreis durch · den Kondensator an zwei Punkten überbrücken, und so den Stromkreis in zwei Teile teilen, von welchen r den Generator enthält und R jenseits des Kondensators liegt. Es wird vorteilhaft sein, in dem von dem Generator entfernteren Teile Selbstinduktion zu vermeiden, welcher Bedingung leicht zu genügen ist. In der Praxis läfst sich Selbstinduktion in dem andern Teile, welcher den Generator enthält, nicht vermeiden, doch kommt sie glücklicherweise bei den Rechnungen nicht in Betracht. Denn eine kleine Überlegung zeigt, dafs, wenn in dem entlegeneren Abschnitte keine Selbstinduktion vorhanden ist, die Konstruktion des Diagramms auf Grund der für Fig. 15 gegebenen Regeln mit jener für Fig. 11 gegebenen sich deckt, bis zu und einschliefslich der Konstruktion der Linien, welche die elektromotorischen Nutzkräfte in den zwei Abschnitten darstellen. Wir müssen also nur die Konstruktion der Fig. 11 ins Auge fassen, welche, soweit es notwendig ist, in Fig. 25 reproduziert ist.

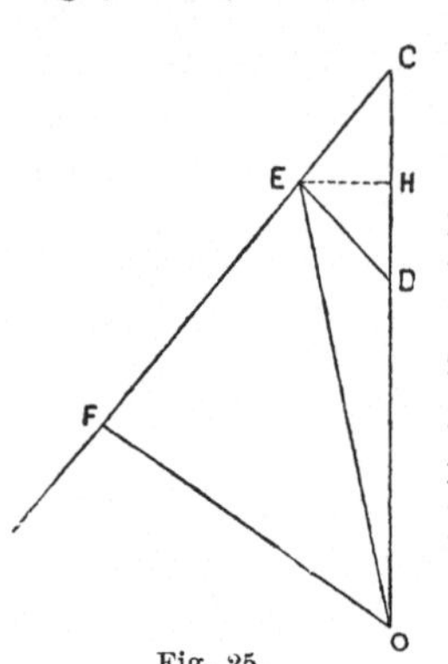

Fig. 25.

Wir verfahren wie folgt:

1.) Wir nehmen die Dynamometerablesung a_1 für die Generatorabteilung und a_2 für die entlegenere Abteilung.

2.) Wir nehmen die Kraftablesung zwischen den beiden Abschnitten. Sie sei a_3.

Nennen wir dann J_1 und J_2 bezw. die Ströme in den zwei Abschnitten, dem nahen und dem entfernteren, so gelten die Beziehungen:

$$\frac{OE}{r} = J_1 \quad \text{oder} \quad OE = r\sqrt{2\,a_1}$$

$$\frac{EC}{R} = J_2 \quad \text{oder} \quad EC = R\sqrt{2\,a_2}.$$

und

$$\frac{a_3}{\sqrt{a_1\,a_2}} = \cos CEO = \sin DEO.$$

Aus der Figur folgt nun

$$\operatorname{tg}^2 OCF = \frac{OF^2}{FC^2} = \frac{OE^2 - FE^2}{FC^2}.$$

Aber

$$FE = \frac{r}{R}\, EC = r\,\sqrt{2\,a_2}$$

und

$$FC = \frac{R+r}{R} \cdot EC = (R+r)\sqrt{2\,a_2}.$$

Daher

$$\operatorname{tg}^2 OCF = \frac{2\,r^2\,a_1 - 2\,r^2\,a_2}{2\,(R+r)^2\,a_2} = \left(\frac{r}{R+r}\right)^2 \frac{a_1 - a_2}{a_2}.$$

Deshalb ist

$$\operatorname{tg} OCF = \frac{r}{R+r}\,\sqrt{\frac{a_1 - a_2}{a_2}}.$$

Nach der Konstruktion ist aber

$$\operatorname{tg} OCF = \frac{C\pi R r}{T\,(R+r)}.$$

Also

$$\frac{C\pi R}{T} = \sqrt{\frac{a_1 - a_2}{a_2}}$$

oder die Kapazität C des Kondensators

$$C = \frac{T}{\pi R}\,\sqrt{\frac{a_1 - a_2}{a_2}},$$

bestimmt durch die Dynamometerablesungen.

Man bemerkt, dafs die Formel die Kraftablesung a_3 nicht enthält; dieselbe kann jedoch an Stelle von a_2 verwendet werden, da diese Werte identisch sind.

Um diese Behauptung zu beweisen, bedenken wir, dafs FEO der Winkel der Phasendifferenz ist; sein Cosinus ist also gleich $\dfrac{a_3}{\sqrt{a_1\,a_2}}$. Nun ist aber

$$\cos FEO = \frac{FE}{EO}$$

$$= \frac{r}{R}\,EC \cdot \frac{1}{EO} = \frac{r}{R} \cdot \frac{R}{r} \cdot \frac{\sqrt{2\,a_2}}{\sqrt{2\,a_1}} = \sqrt{\frac{a_2}{a_1}}$$

daher
$$\sqrt{\frac{a_2}{a_1}} = \frac{a_3}{\sqrt{a_1\,a_2}}$$

oder
$$a_2 = a_3.$$

Diese Thatsache ist wichtig für die Anwendung der Methode zur Messung des Kondensators, da es in der Praxis wünschenswert ist, so wenig Selbstinduktion der Spule in dem entlegeneren Abschnitte zu haben als möglich. Bei unserer Betrachtung ist dieselbe gleich Null angenommen worden.

Die Selbstinduktion in der nahen Abteilung übt auf die Operationen keinen Einfluſs aus. Es wäre somit wünschenswert, daſs die Spule in der entlegeneren Abteilung nur aus sehr wenigen Windungen besteht, während die Empfindlichkeit des Instrumentes durch sehr viele Windungen der anderen Spule erreicht werden kann, welche in der nahen Abteilung untergebracht ist. Aus dem gleichen Grunde wäre es auch empfehlenswert, als normale Stellung der Spulen die rechtwinklige zu wählen.

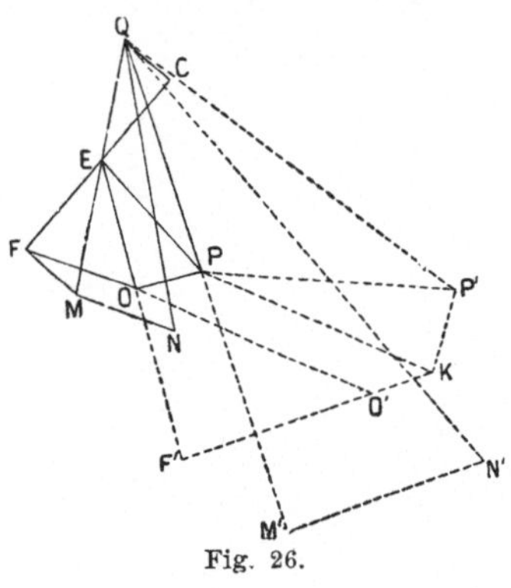

Fig. 26.

Sollte es nötig sein, die Selbstinduktion der entlegeneren Abteilung in Betracht zu ziehen, so können wir uns der Konstruktion der in Fig. 26 reproduzierten Fig. 15 bis zur Bestimmung des Punktes O bedienen.

In diesem Falle kann man erwarten, daſs die Beobachtungen nicht nur den Wert C der Kapazität des Kondensators, sondern auch den Wert des Selbstinduktionskoeffizienten der entlegeneren Abteilung liefern werden. Thatsächlich ist dies auch der Fall. Wenn a_1, a_2, a_3 die drei Beobachtungen sind, so ist

$$OE = r\,\sqrt{2\,a_1}, \quad EC = R\,\sqrt{2\,a_2}.$$

und
$$EF = r\,\sqrt{2\,a_2}, \quad \cos FEO = \frac{a_3}{\sqrt{a_1\,a_2}}.$$

Nennen wir der Kürze halber den Winkel $FEO = \theta$ und den Winkel $CEQ = \beta$. Dann ist auch $FEM = \beta$. Weil EM senkrecht steht auf FO, ist

$$EF \cdot \cos \beta = EO \cos (\theta - \beta)$$

und

$$\cos \beta = \frac{EO}{EF} \cdot \cos (\theta - \beta) = \sqrt{\frac{a_1}{a_2}} \cos (\theta - \beta)$$

Daher ist

$$\operatorname{tg} \beta = \frac{1 - \sqrt{\dfrac{a_1}{a_2}} \cos \theta}{\sqrt{\dfrac{a_1}{a_2}} \sin \theta} = \frac{a_2 - a_3}{\sqrt{a_1 a_2 - a_3{}^2}}.$$

Aber es ist auch $\operatorname{tg} \beta = \dfrac{L_1 \pi}{RT}$, und somit schliefslich der Selbstinduktionskoeffizient

$$L_1 = \frac{TR}{\pi} \frac{a_2 - a_3}{\sqrt{a_1 a_2 - a_3{}^2}}$$

durch die Dynamometerablesungen ausgedrückt.

Um die Kapazität zu finden, ermitteln wir aus dem obigen Werte von *tg β*

$$\cos^2 \beta = \frac{a_1 a_2 - a_3{}^2}{a_2 (a_1 + a_2 - 2 a_3)}.$$

Nun ist weiterhin

$$\operatorname{tg}^2 MQN = \frac{MN^2}{QM^2} = \frac{R^2}{(R+r)^2} \cdot \frac{FO^2}{QE^2} = \left(\frac{R}{R+r}\right)^2 \frac{FO^2}{CE^2} \cos^2 \beta$$

$$= \left(\frac{R}{R+r}\right)^2 \cdot \frac{FE^2 + OE^2 - 2 FE \cdot OE \cdot \cos \theta}{CE^2} \cdot \cos^2 \beta$$

$$= \left(\frac{R}{R+r}\right)^2 \cdot \frac{2 r^2 a_2 + 2 r^2 a_1 - 4 r^2 a_3}{2 R^2 a_2} \cdot \cos^2 \beta$$

$$= \left(\frac{r}{R+r}\right)^2 \frac{a_1 + a_2 - 2 a_3}{a_2} \cdot \frac{a_1 a_2 - a_3{}^2}{a_2 (a_1 + a_2 - 2 a_3)}$$

$$= \left(\frac{r}{R+r}\right)^2 \frac{a_1 a_2 - a_3{}^2}{a_2{}^2}$$

Es ist also

$$\operatorname{tg} MQN = \frac{r}{R+r} \cdot \frac{\sqrt{a_1 a_2 - a_3{}^2}}{a_2}.$$

Der Konstruktion zufolge ist aber

$$\operatorname{tg} MQN = \frac{C\pi}{T} \cdot \frac{Rr}{R+r}$$

also

$$\frac{C\pi R}{T} = \frac{\sqrt{a_1 a_2 - a_3{}^2}}{a_2}$$

oder

$$C = \frac{T}{\pi R} \cdot \frac{\sqrt{a_1 a_2 - a_3{}^2}}{a_2}.$$

Hiermit ist auch die Kapazität durch die Dynamometerablesungen bestimmt.

In ähnlicher Weise können Wechselströme und Dynamometer
auch verwendet werden, um die Verteilung der Kapazität längs
eines Kabels zu bestimmen.

Die im Vorhergehenden für die Werte des Koeffizienten der
Selbstinduktion und der Kapazität des Kondensators gegebenen
Formeln sind vorzüglich geeignet, die Werte dieser Größen für
irgend eine Transformation der Phase und relativen Größe der
Ströme in den beiden Abteilungen zu berechnen.

Es sei z. B. verlangt, daß die Ströme gleich an Größe, aber in
Quadratur zu einander seien, wie in dem Felde eines Tesla-Motors.
Dann enthalten die Gleichungen 1. $a_1 = a_2$ und 2. $a_3 = 0$ alle erforderlichen Bedingungen. Es muß also $L_1 = \dfrac{TR}{\pi}$ und $C = \dfrac{T}{\pi R}$
sein, wenn die gewünschte Transformation erreicht werden soll.

Zwölftes Kapitel.

Verschwinden des Tones in einem Telephon.

Wenn ein von Wechselstrom durchflossener Leiter zwischen
zweien seiner Punkte in zwei parallele Teile gespalten wird, und
die Klemmen eines Telephons an je einen Punkt dieser parallelen
Teile angeschlossen werden, so kann unter gewissen Umständen
der Ton im Telephon zum Verschwinden gebracht werden; es ist
dieser Fall analog jenem, wo der zerteilte Leiter einem Gleichstrome unterworfen und das Telephon durch ein Galvanometer
ersetzt ist, dessen Nadel unter gewissen Umständen keine Bewegung
erkennen läßt.

In diesen beiden Fällen kann die Unmöglichkeit des Nachweises einer elektrischen Strömung auf den Mangel genügender Empfindlichkeit des angewendeten Instrumentes, des Telephons oder Galvanometers, oder auf den Mangel genügender Empfindlichkeit des beobachtenden Organs, des Ohres oder Auges, zurückzuführen sein.

Wenn jedoch in beiden Fällen überhaupt keine elektrische Strömung stattfindet, muſs natürlich Tonlosigkeit im Telephon und Ruhe im Galvanometer vorhanden sein. Absolutes Verschwinden des Tones im Telephon muſs also dann eintreten, wenn die Klemmen des Telephons stets auf gleichem Potentiale erhalten werden.

Das Problem der Bestimmung der Bedingungen für absolute Tonlosigkeit kann durch das Vorhandensein von Selbstinduktion in den vier Teilen des verzweigten Leiters, von gegenseitiger Induktion zwischen diesen vier Teilen unter sich und zu dem Reste des Stromkreises, und von endlicher Kapazität an Punkten der parallelen Teile kompliziert werden.

Ich beabsichtige nur den sehr beschränkten Fall zu behandeln, wo in jedem der vier Abschnitte der parallelen Teile Selbstinduktion vorhanden ist, die Abschnitte jedoch so gelegen sind, daſs sie von keinem anderen Teile des Stromkreises Induktion erleiden, noch solche auf ihn ausüben. Dieser Fall kann sehr leicht mittels der geometrischen Methode behandelt werden, und bietet ein gutes Beispiel für die Anwendung derselben.

Betrachten wir zuerst einen der parallelen Teile des verzweigten Leiters. Seien r_1, r_2 die Widerstände der zwei Abschnitte, in welche jener Teil durch die Klemmen des Telephons zerlegt wird, und seien L_1, L_2 die Selbstinduktionskoeffizienten von r_1, r_2.

Da im Telephon kein Strom flieſst, muſs der ganze, r_1 passierende Strom auch r_2 durchströmen. Die Ströme in diesen beiden Teilen müssen also identisch an Phase und Gröſse sein. Aus diesem Grunde müssen auch die elektromotorischen Nutzkräfte in diesen beiden Teilen in der gleichen Phase und proportional den entsprechenden Widerständen sein. Teilen wir also irgend eine Linie PQ (Fig. 27) so in A, daſs $PA : AQ = r_1 : r_2$, so können PA und AQ als Darstellungen der elektromotorischen Nutzkräfte in r_1 und r_2 angesehen werden. Trage im Punkte A den Winkel

6*

$P\,A\,M$ an, dessen Tangente $= \dfrac{L_1\,\pi}{T\,r_1}$, wo $2\,T$ die Periode der Alternationen ist.

In dem nämlichen Punkte A, doch nach der von M entfernten Seite von PQ trage den Winkel QAN an, so dafs $tg\,QAN = \dfrac{L_2\,\pi}{T\,r_2}$. Ziehe PM und QN senkrecht auf PQ, welche Linien AM in M, bezw. AN in N treffen.

Dann stellt MA die Potentialdifferenz der Enden von r_1 dar, PM die elektromotorische Kraft der Selbstinduktion in r_1, AN die Potentialdifferenz der Enden von r_2, und NQ die elektromotorische Kraft der Selbstinduktion in r_2.

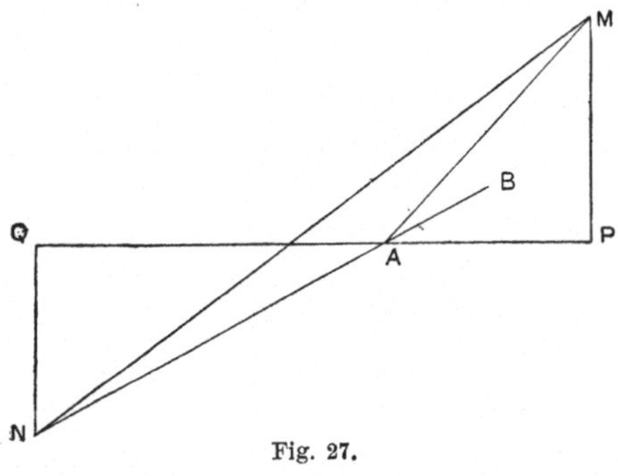

Fig. 27.

Wird M mit N verbunden, so stellt MN die Potentialdifferenz der entfernten Enden der beiden Teile, d. h. jener Punkte dar, an welchen der Leiter sich in die zwei parallelen Zweige spaltet.

Dieselbe Potentialdifferenz existiert auch für den anderen parallelen Teil, dessen Widerstände wir mit r_3, r_4 bezeichnen wollen. Würden wir für diesen Teil ein ähnliches Diagramm konstruiren, so gelangten wir zu einem andern Dreiecke $M'\,A'\,N'$, dessen eine Seite $M'\,N' = MN$ sein mufs.

$M'\,A'$ stellt in Phase und Gröfse die Potentialdifferenz dar, welche zwischen der zweiten Klemme des Telephons und jenem Ende von r_3 besteht, das sich an r_1 anschliefst; dieser Punkt weist zu der ersten Klemme des Telephons eine Potentialdifferenz MA auf. Wenn deshalb die Klemmen des Telephons stets auf dem gleichen Potentiale erhalten werden sollen, mufs sich $M'\,A'$ verhalten zu MA, wie sich $M'\,N'$ verhält zu MN, und der Winkel NMA mufs gleich dem Winkel $N'\,M'\,A'$ sein.

Die gleiche Überlegung gilt auch für die Linien NA und $N'\,A'$. Thatsächlich müssen die Dreiecke einander ähnlich sein; die Bedingungen für absolute Tonlosigkeit im Telephon lassen sich also in der gleichen Weise ausdrücken, wie die Bedingungen für die Ähnlichkeit zweier Dreiecke, wenn wir die Dreieckselemente als jene physikalischen Größen auffassen, welche sie im Diagramme darstellen.

Für die Ähnlichkeit zweier Dreiecke sind zwei Bedingungen zu erfüllen.

Die einfachsten, welche wir für unseren Fall auswählen können, sind 1), daß

$$\frac{MA}{NA} = \frac{M'A'}{N'A'}$$

und 2), daß der Winkel zwischen MA und NA gleich sein muß jenem zwischen $M'A'$ und $N'A'$.

Nun ist

$$MA^2 = PM^2 + PA^2$$

und

$$\frac{PM}{PA} = \frac{L_1\pi}{Tr_1},$$

also

$$MA^2 = PA^2\left[1 + \left(\frac{L_1\pi}{Tr_1}\right)^2\right]$$

und ähnlich

$$NA^2 = QA^2\left[1 + \left(\frac{L_2\pi}{Tr_2}\right)^2\right]$$

Somit ist

$$\frac{MA}{NA} = \frac{r_1}{r_2}\sqrt{\frac{1 + \left(\frac{L_1\pi}{Tr_1}\right)^2}{1 + \left(\frac{L_2\pi}{Tr_2}\right)^2}}, \quad \text{da} \quad \frac{PA}{QA} = \frac{r_1}{r_2}.$$

Und in ähnlicher Weise

$$\frac{M'A'}{N'A'} = \frac{r_3}{r_4}\sqrt{\frac{1 + \left(\frac{L_3\pi}{Tr_3}\right)^2}{1 + \left(\frac{L_4\pi}{Tr_4}\right)^2}},$$

in welchem Ausdrucke L_3, L_4 die Selbstinduktionskoeffizienten der Teile r_3, bezw. r_4 sind.

Die erste Bedingung ist also, daſs

$$\frac{r_1}{r_2}\cdot\sqrt{\frac{1+\left(\dfrac{L_1\,\pi}{T\,r_1}\right)^2}{1+\left(\dfrac{L_2\,\pi}{T\,r_2}\right)^2}}=\frac{r_3}{r_4}\cdot\sqrt{\frac{1+\left(\dfrac{L_3\,\pi}{T\,r_3}\right)^2}{1+\left(\dfrac{L_4\,\pi}{T\,r_4}\right)^2}}$$

oder

$$\left.\begin{aligned}
r_1{}^2\,r_4{}^2\cdot\left[1+\left(\frac{L_1\,\pi}{T\,r_1}\right)^2\right]\cdot\left[1+\left(\frac{L_4\,\pi}{T\,r_4}\right)^2\right]\\
=r_2{}^2\,r_3{}^2\cdot\left[1+\left(\frac{L_2\,\pi}{T\,r_2}\right)^2\right]\cdot\left[1+\left(\frac{L_3\,\pi}{T\,r_3}\right)^2\right]
\end{aligned}\right\}\quad\cdot\ \cdot\quad(\alpha)$$

Um die zweite Bedingung ausdrücken zu können, verlängern wir NA über A hinaus bis B.

Dann ist der Winkel BAM die Neigung zwischen MA und AN, und ferner ist

$$\begin{aligned}
\operatorname{tg} BAM &= \operatorname{tg}(PAM - QAN)\\[1ex]
&= \frac{\operatorname{tg} PAM - \operatorname{tg} QAN}{1 + \operatorname{tg} PAM\cdot\operatorname{tg} QAN}\\[1ex]
&= \frac{\dfrac{L_1\,\pi}{T\,r_1} - \dfrac{L_2\,\pi}{T\,r_2}}{1 + \dfrac{L_1\,L_2\,\pi^2}{r_1\,r_2\,T^2}}\cdot
\end{aligned}$$

Der entsprechende Ausdruck für den anderen Zweig ist

$$\frac{\dfrac{L_3\,\pi}{T\,r_3} - \dfrac{L_4\,\pi}{T\,r_4}}{1 + \dfrac{L_3\,L_4\,\pi^2}{r_3\,r_4\,T^2}}\cdot$$

Die zweite Bedingung ist also, daſs diese beiden Ausdrücke einander gleich sind.

$$\frac{\dfrac{L_1\,\pi}{T\,r_1} - \dfrac{L_2\,\pi}{T\,r_2}}{1 + \dfrac{L_1\,L_2\,\pi^2}{r_1\,r_2\,T^2}} = \frac{\dfrac{L_3\,\pi}{T\,r_3} - \dfrac{L_4\,\pi}{T\,r_4}}{1 + \dfrac{L_3\,L_4\,\pi^2}{r_3\,r_4\,T^2}}\quad\cdot\ \cdot\ \cdot\ \cdot\ \cdot\quad(\beta)$$

Unter den angeführten Voraussetzungen sind die Gleichungen (α) und (β) notwendig und hinreichend für absolutes Verschwinden des Tones im Telephon; doch ist in den Bedingungsgleichungen die Periode enthalten und es ist denkbar, dafs (α) und (β) für einen Wert von T erfüllt sind, nicht aber für einen anderen. Das Telephon könnte deshalb zwar lautlos für einen, nicht aber für einen anderen Ton erscheinen, da der Ton von der Periode abhängt, (α) und (β) aber nur die Bedingungen für das Verschwinden eines bestimmten Tones sind. Wir müssen also noch untersuchen, ob es möglich ist, Tonlosigkeit des Telephons für alle Töne, unabhängig von dem Werte von T, zu erhalten. Aus der Konstruktion der Figur ersieht man, dafs für ein sehr grofses T die Punkte M und N nach P, bezw. Q rücken, und dafs MA mit PA und MN mit PQ zusammenfällt; damit also A die Strecke PQ im gleichen Verhältnis für beide Figuren teile, ist es notwendig, dafs $r_1 : r_2 = r_3 : r_4$, d. h. dafs die gewöhnliche Gleichung für die Brücke erfüllt ist.

Unter Berücksichtigung dieser notwendigen Bedingung und des Umstandes, dafs MP und NQ senkrecht auf die nämliche Gerade PQ gezogen sind, dafs also $PA : AQ = r_1 : r_2$, bemerken wir, dafs diese Gleichung nur dann für alle durch A gezogenen Geraden gültig sein kann, wenn A auf der Verbindungsgeraden MN liegt.

In diesem Falle wird MAN eine gerade Linie, welche mit PQ gleiche Winkel einschliefst.

Daher ist

$$\frac{L_1 \pi}{r_1 T} = \frac{L_2 \pi}{r_2 T}$$

oder

$$\frac{L_1}{r_1} = \frac{L_2}{r_2}.$$

Da auch $\dfrac{L_3}{L_4}$ derselben Bedingung genügen mufs, folgt

$$\frac{L_3}{L_4} = \frac{r_3}{r_4} = \frac{r_1}{r_2} = \frac{L_1}{L_2}.$$

Ist diesen Bedingungen Genüge geleistet, so ist notwendigerweise Gleichung (β) erfüllt, da der Winkel zwischen den Linien MN, AN stets Null ist. Diese Bedingungen sind also notwendig und hinreichend, um für alle Perioden harmonisch vollzogener Alternationen den Ton im Telephon zum Verschwinden zu bringen.

Dreizehntes Kapitel.

Über magnetische Verzögerung.

Wenn ein Leiter oder ein System von Leitern einem Wechselstrome unterworfen ist, wechselt das magnetische Feld der Nachbarschaft in jeder halben Periode sein Vorzeichen. Bringt dieser Vorgang die fortwährende Neuanordnung von irgend etwas Materiellem mit sich, so entsteht naturgemäfs die Frage, ob derselbe nicht einen entsprechenden Energieaufwand zur Folge hat, hervorgerufen durch Kräfte, welche der stattfindenden Veränderung stets entgegenzuwirken streben. Wenn ein Wind abwechselnd von Ost nach West und von West nach Ost über ein Kornfeld bläst, so tritt infolge des Zusammenreibens der Halme eine Erwärmung auf, trotz des natürlichen Bestrebens jedes Halmes, die vertikale Stellung beizubehalten. Die Ursache dieser Verluste sind Reibungskräfte. Zeigt sich ein ähnliches Verhalten auch bei elektrischen Wechselströmen, und gleicht in dieser Beziehung ein magnetisches Feld einem Kornfelde? Oder in einer mehr technischen Ausdrucksweise, involviert ein Wechsel des elektrokinetischen Momentes eine Erzeugung von Wärme unter einem entsprechenden Verluste an Energie in irgend einer anderen Form? Diese Frage ist von verschiedenen Autoritäten im negativen Sinne beantwortet worden, und auch der Ausschufs der Institution of Civil Engineers hat diesen Standpunkt eingenommen.

Ich bin sehr stark vom Gegenteile überzeugt, aus Gründen, welche ich vor der Physical Society klargelegt habe. Die Erwärmung der von Wechselströmen erregten Elektromagnetkerne ist eine zu auffällige Erscheinung, um eine andere Erklärung zuzulassen. Schreibt man die Erscheinung den Foucaultströmen zu, so gibt man für die Wirkung nur einen Namen, jedoch keine Erklärung.

Die folgende Abhandlung über magnetische Verzögerung ist aus dem Philosophical Magazine abgedruckt.

Indem ich der Physical Society meine Ansichten über Transformatoren vorlege, wünsche ich hervorzuheben,

1. wie die magnetische Verzögerung, wenn eine solche existieren sollte, durch Dynamometer von niedrigem Widerstande gemessen werden kann;

2. dafs eine magnetische Verzögerung thatsächlich existirt;

3. dafs die magnetische Verzögerung notwendigerweise von einem durch die Umpolarisierung des Eisens hervorgerufenen Arbeitsaufwande begleitet ist, und wie dieser Arbeitsaufwand gemessen werden kann;

4. die Punkte in der allgemeinen Überlegung, wo wissenschaftliche Thatsachen fehlen, und die Richtung, nach welcher zur Ausfüllung dieser Lücke Untersuchungen vorzunehmen wären.

Die Möglichkeit des Vorhandenseins einer magnetischen Verzögerung unterscheidet das Problem von jenem zweier Spulen, welche aufeinander durch gegenseitige und Selbstinduktion einwirken und deren Koeffizienten als geometrische Gröfsen konstant sind. Für dieses letztere Problem gab ich im Jahre 1885 eine vollständige Lösung, bemerkte aber, dafs die Vollständigkeit des Resultates von dem Mangel jeder Art von Hysteresis abhinge. Da das Wort Hysteresis damals nicht im Gebrauch war, stand dafür der Ausdruck: im Felde geleistete Arbeit.

Im folgenden Jahre gab George Forbes, Fellow of the Royal Society, eine (wenigstens nach dem sehr dürftigen Berichte des Journals der Society of Arts) vollständige Lösung des Problems der »Sekundargeneratoren«, in welcher dasselbe als der Fall zweier Spulen unter der Voraussetzung behandelt wurde, »dass der Magnetismus des Kernes wie die Summe der Ströme in den beiden Spulen variiert«. Derselbe Gelehrte hat den Gegenstand in einer neuen Abhandlung vor die Society of Telegraph Engineers and Electricians gebracht, in welcher er die gleiche Voraussetzung macht und angibt, dafs bei den harmonischen Funktionen, welche er den in Betracht kommenden elektrischen und magnetischen Gröfsen zuschreibt, das Vorhandensein magnetischer Hysteresis zwar eine Abweichung von der harmonischen Funktion zur Folge hat, dafs aber, so lange die magnetische Induktion im Eisen nicht sehr hoch ist, dieser Einflufs als unbedeutend aufser Acht gelassen werden kann. Diese Behauptungen überwinden die Schwierigkeiten nicht, sondern umgehen sie nur.

Gisbert Kapp, der so viel Gutes für die praktische Entwicklung der Transformatoren gethan hat, macht meiner Meinung nach die gleiche Annahme, dafs nämlich der Magnetisirungszustand des Kernes zusammenfällt mit der magnetisierenden Kraft, welche sich aus der Zusammensetzung der von den beiden Spulen geleisteten Kräfte ergibt.

Bei den Ansichten, welche ich entwickeln werde, werde ich annehmen:

1. daſs die Variationen harmonischer Natur sind,
2. daſs die Induktion in der sekundären Spule einzig von dem Kerne herrührt und somit in Bezug auf die Phase in Quadratur mit der Magnetisierung ist. Da dem Strome in der sekundären Spule die Erzeugung einer der Kraftkomponenten zugeschrieben wird, welche Magnetisierung hervorrufen, die selbst auf die Spule rückwirkt, so ist die Notwendigkeit der Einführung einer besonderen elektromotorischen Kraft der Selbstinduktion umgangen;
3. daſs jede Windung in jeder der Spulen die gleiche Zahl von Kraftlinien umschlingt.

Ich werde mich der folgenden Bezeichnungen bedienen:

E = maximale elektromotorische Kraft der Maschine;

J_1 = Maximalwert des Stromes im primären Kreise;

J_2 = Maximalwert des Stromes im sekundären Kreise;

$\pi - \theta$ = Winkel des Phasenunterschiedes zwischen beiden Strömen;

m = Windungszahl der primären Spule;

n = Windungszahl der sekundären Spule;

φ = Winkel der magnetischen Verzögerung;

r_1 = Widerstand des primären Stromkreises;

r_2 = Widerstand des sekundären Stromkreises;

$\left.\begin{array}{l} a_1 \\ a_2 \end{array}\right\}$ = Ablesungen zweier in den primären, bezw. sekundären Stromkreis geschalteten Dynamometer, deren Konstanten A und B sind, so daſs $\dfrac{J_1{}^2}{2} = A\,a_1$ und $\dfrac{J_2{}^2}{2} = B\,a_2$;

a_3 = Ablesung eines Dynamometers, dessen eine Spule im primären, dessen andere Spule im sekundären Stromkreise eingeschaltet und dessen Konstante C ist.

M = Maximum der Magnetisierung.

Die von jeder Spule erzeugte magnetische Kraft ist proportional dem Strome in dieser Spule, multipliziert mit der Windungszahl derselben, und ist hier gleich diesem Produkte, der Zahl der Ampère-Windungen, genommen. Ihr Maximalwert ist $m\,J_1$ in der primären und $n\,J_2$ in der sekundären Spule.

Nun liefern uns die Dynamometer A und B stets die Werte J_1 und J_2, während m und n Konstruktionskonstanten der Transformatoren sind. Wir kennen also stets die zwei Gröſsen $m\,J_1$ und $n\,J_2$.

Die drei Dynamometerbeobachtungen ermöglichen aber auch eine Bestimmung des Winkels der Phasendifferenz zwischen den Strömen, wie ich anderwärts auseinandergesetzt habe. Es ist

$$\cos\theta = \frac{Ca_2}{\sqrt{Aa_1 \cdot Ba_2}}, \quad \text{da } Ca_3 = \frac{J_1\,J_2\cos\theta}{2}$$

Wir besitzen somit die zwei Komponenten der magnetischen Kraft und den Winkel zwischen denselben. Wir kennen also auch indirekt die ganze magnetische Kraft und ihre Phase gegenüber ihren Komponenten. Ist die Resultante in Quadratur mit jener Komponente, welche sich aus dem Strome in der sekundären Spule ergibt, so ist sie in der gleichen Phase mit der Magnetisierung, welche eben in Quadratur mit der erwähnten Komponente steht. Ist. dies nicht der Fall, so koinzidieren die Phasen der Resultante und der Magnetisierung eben nicht.

AB stelle die magnetische Kraft $m\,J_1$ des primären Kreises dar, BC jene des sekundären, und $\sphericalangle\,ABC$ sei der nach den obigen Regeln bestimmte Winkel θ, dann ist AC die resultierende magnetische Kraft.

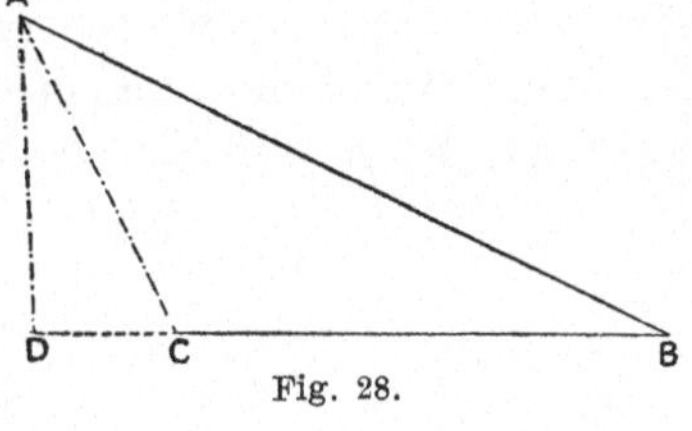

Fig. 28.

Die Magnetisierung ist aber in Quadratur mit BC. Ziehe AD rechtwinklig zu BC, dann stellt CAD die magnetische Verzögerung dar, welche erst dann verschwindet, wenn ACB ein rechter Winkel ist. Die Bedingung für die Existenz magnetischer Verzögerung ist somit, daſs $CB < AB\cos\theta$, oder durch die Dynamometerbeobachtungen ausgedrückt, daſs

$$n\,\sqrt{2\,Ba_2} < m\,\sqrt{2\,Aa_1}\cdot\frac{Ca_3}{\sqrt{Aa_1\,Ba_2}}$$

oder daſs

$$Ba_2 < \frac{m}{n}\,Ca_3.$$

Man bemerkt, daſs die Beobachtung an dem Dynamometer im primären Kreise in Wegfall gekommen ist. Die Frage kann also schon mit zwei Dynamometern untersucht werden. Die Gröſse der Verzögerung ist durch $\sphericalangle\,CAD$ dargestellt: die Tangente desselben kann leicht durch die drei Dynamometerbeobachtungen ausgedrückt werden.

$$\operatorname{tg} \varphi = \frac{CD}{DA} = \frac{DB - BC}{AB \cdot \sin \theta} = \frac{\dfrac{DB}{AB} - \dfrac{CB}{AB}}{\sqrt{1 - \cos^2\theta}}$$

$$= \frac{\cos \theta - \dfrac{n\,J_2}{m\,J_1}}{\sqrt{1 - \cos^2 \theta}} = \frac{\dfrac{Ca_3}{\sqrt{Aa_1\,Ba_2}} - \dfrac{n}{m}\sqrt{\dfrac{Ba_2}{Aa_1}}}{\sqrt{1 - \dfrac{C^2 a_3^2}{Aa_1\,Ba_2}}}$$

$$= \frac{Ca_3 - \dfrac{n}{m}\,Ba_2}{\sqrt{Aa_1\,Ba_2 - C^2 a_3^2}}$$

Der Winkel der magnetischen Verzögerung, wenn eine solche existiert, kann also durch zwei Dynamometer entdeckt und mit dreien gemessen werden.

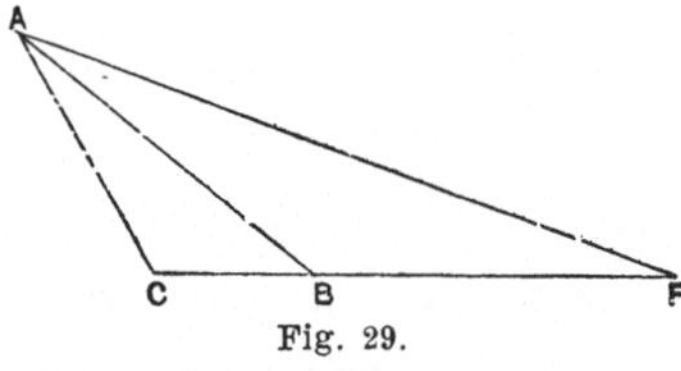

Fig. 29.

Für die weitere Verwertung der Beobachtungsresultate müssen wir uns erinnern, daſs der wachsende Magnetismus die gleiche Induktionswirkung für die Erzeugung der elektromotorischen Kraft in jeder Windung der Spulen der beiden Stromkreisen ausübt. Aus den Beobachtungen am Dynamometer B können wir die elektromotorische Kraft pro Windung ermitteln. Die ganze elektromotorische Kraft der sekundären Spule ist $J_2\,r_2$, die elektromotorische Kraft pro Windung also $\dfrac{J_2\,r_2}{n}$. In der primären Spule wird somit die ganze durch magnetische Induktion entstehende elektromotorische Kraft $m\,\dfrac{J_2\,r_2}{n}$ sein.

Der hieraus entstehende Strom ist $\dfrac{m\,J_2}{n} \cdot \dfrac{r_2}{r_1}$ und aus diesem Grunde ergibt sich die magnetisierende Kraft gleich $\dfrac{m^2}{n} \cdot \dfrac{J_2\,r_2}{r_1}$. Diese Kraft muſs als eine der Komponenten der ganzen, von dem primären Strome ausgeübten magnetisierenden Kraft angesehen werden; und zwar besitzt diese Komponente mit der magnetisierenden Kraft des sekundären Kreises gleiche Phase.

Kehren wir daher zu der Figur zurück und verlängern dort CB bis F (Fig. 29), so daſs der Bedingung Genüge geleistet wird:

$$CB : BF = n\,J_2 : \frac{m^2}{n} \cdot \frac{J_2\,r_2}{r_1}$$

$$= 1 : \frac{m^2}{n^2} \cdot \frac{r_2}{r_1},$$

so ist FB eine der Komponenten von AB. Die andere Komponente, welche von der elektromotorischen Kraft der Maschine selbst herrührt, ist AF. Es ist somit $AF = \dfrac{E}{r_1}$.

Daraus folgt, daſs die von der Maschine ausgeübte elektromotorische Kraft aus den Dynamometerablesungen ermittelt werden kann.

Denn es ist

$$AF^2 = AB^2 + BF^2 + 2\,AB \cdot BF \cdot \cos ABC$$

$$\frac{m^2\,E^2}{r_1{}^2} = m^2 J_1{}^2 + \left(\frac{m^2}{n^2} \cdot \frac{r_2}{r_1}\right)^2 n^2 J_2{}^2 + 2\,m J_1 \cdot \frac{m^2}{n^2} \cdot \frac{r_2}{r_1} \cdot n\,J_2 \cos \theta$$

und somit

$$E^2 = r_1{}^2 J_1{}^2 + r_2{}^2 J_2{}^2 \frac{m^2}{n^2} + 2\,r_1 r_2 \frac{m}{n}\,J_1\,J_2 \cos \theta$$

$$= r^2{}_1\,2\,A\,a_1 + \frac{m^2}{n^2}\,r_2{}^2\,2\,B a_2 + 4\,r_1\,r_2\,\frac{m}{n}\,C a_3$$

$$= 2\left\{r_1{}^2\,A\,a_1 + r_2{}^2\,\frac{m^2}{n^2}\,B a_2 + 2\,r_1\,r_2\,\frac{m}{n}\,C a_3\right\}.$$

Eine andere wichtige Gröſse ist AC, die magnetische Gesamtkraft.

$$AC^2 = AB^2 + BC^2 - 2\,AB \cdot BC \cdot \cos \theta$$

$$= m^2 J_1{}^2 + n^2 J_2{}^2 - 2\,m\,n\,J_1\,J_2 \cdot \cos \theta$$

$$= 2\,m^2\,A a_1 + 2\,n^2\,B a_2 - 4\,m\,n\,C a_3$$

$$= 2\left\{m^2\,A a_1 + n^2\,B a_2 - 2\,m\,n\,C a_3\right\}.$$

Mittels dieser Beziehung vermögen wir den Strom zu berechnen, welcher den primären Kreis durchströmen muſs, um bei offenem Sekundärkreise denselben Zustand des Kernes zu erzeugen.

Das meiste Interesse für den Theoretiker sowohl, als für den Praktiker bieten die Ausdrücke für die verschiedenen Arbeitsgröfsen. Wir können zu denselben auf folgendem einfachen Wege gelangen.

Wenn wir von F auf die Verlängerung von AB ein Lot fällen, so bemerken wir, dafs

$$AF \cdot \cos BAF = BF \cdot \cos ABC + AB.$$

Multiplizieren wir beide Seiten mit AB, so folgt

$$AF \cdot AB \cdot \cos BAF = AB \cdot BF \cdot \cos ABC + AB^2.$$

Ersetzen wir in diesem Ausdrucke die geometrischen Gröfsen durch die elektrischen, so ergibt sich

$$\frac{mE}{r_1}\, m\, J_1 \cos BAF = m\, J_1 \cdot \frac{m^2}{n^2} \cdot \frac{r_2}{r_1} \cdot n\, J_2 \cos \theta + m^2\, J_1{}^2;$$

oder nach Multiplikation mit $\dfrac{r_1}{2\,m^2}$

$$\frac{E\, J_1 \cos B\, AF}{2} = r_2 \cdot \frac{m}{n} \cdot \frac{J_1\, J_2 \cos \theta}{2} + \frac{r_1\, J_1{}^2}{2}.$$

Der Ausdruck zur Linken stellt die totale Arbeit dar; die Ausdrücke zur Rechten können durch die Dynamometerbeobachtungen ersetzt werden.

Die Gesamtarbeit ist somit

$$= r_1\, Aa_1 + r_2\, \frac{m}{n} \cdot C\, a_3,$$

wovon der erste Ausdruck offenbar die zur Erwärmung der primären Spule aufgewendete Arbeit darstellt.

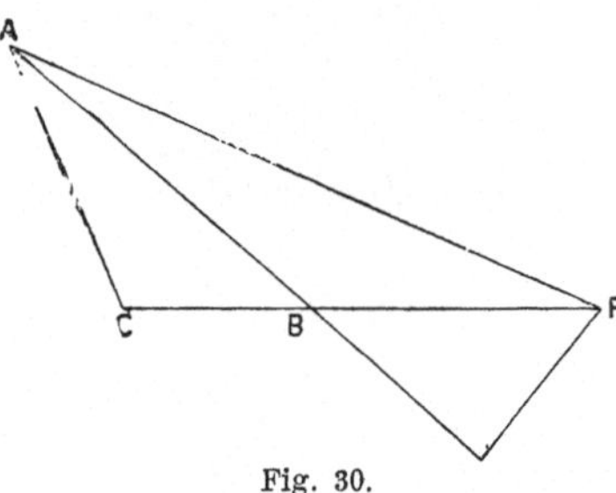

Fig. 30.

$r_2\, B\, a_2$ ist der entsprechende Ausdruck für die zur Erwärmung der sekundären Spule aufgewendete Arbeit.

Schreiben wir also für die Gesamtarbeit

$$r_1\, Aa_1 + r_2\, Ba_2 + r_2 \left\{ \frac{m}{n}\, Ca_3 - Ba_2 \right\},$$

so bemerken wir, dafs der durch magnetische Verzögerung herbeigeführte Arbeitsaufwand durch den Ausdruck

$$r_2 \left\{ \frac{m}{n}\, Ca_3 - Ba_2 \right\}$$

dargestellt wird, dessen Form zeigt, dass der Verlust verschwindet, wenn die magnetische Verzögerung zum Verschwinden gebracht wird.

Wir werden somit zu dem Schlusse geführt, daſs eine magnetische Verzögerung einen Arbeitsverlust herbeiführt, und daſs irgend ein von molekularen Wirkungen im Verlaufe der alternierenden Magnetisierung herrührender Arbeitsverlust notwendigerweise eine magnetische Verzögerung herbeiführen muſs.

Wenn nun die wechselnde Magnetisierung Arbeit verrichtet, muſs sie einer Kraft entgegenwirken, welche selbst Magnetisierung hervorzurufen vermag, also einer magnetischen Kraft. Gerade so wie ein in einem Medium sich bewegender Körper nur dann in dem Medium Arbeit verrichtet, wenn er eine Kraft ins Dasein ruft, oder induziert, welche ihm entgegenwirkt; in dem allgemeinen Falle muſs er eine Reibungskraft hervorrufen, da Kraft eine Gröſse ist, welche, auf einen Körper wirkend, Bewegung hervorruft.

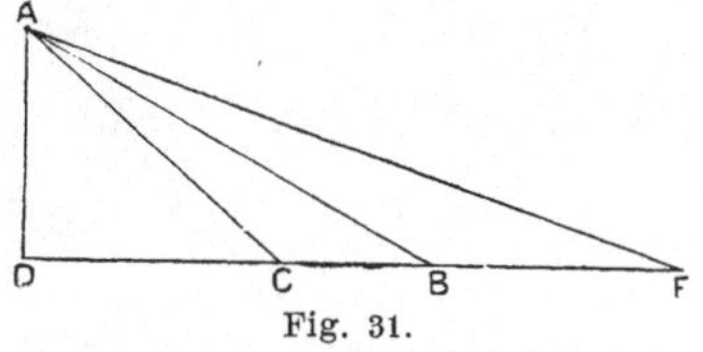

Fig. 31.

Aus der Analogie allein können wir also schon schlieſsen, daſs, wenn wechselnde Magnetisierung eine dauernde Quelle absorbierter Energie ist, diese wechselnde Magnetisierung eine Kraft hervorruft, welche selbst Magnetisierung zu erzeugen imstande wäre, d. h. eine Kraft induziert, welche dem Wechsel in der Magnetisierung entgegenzuwirken strebt.

Man wird dies vielleicht zugeben; doch könnte man einwenden, daſs schon von den Strömen her eine sehr groſse magnetische Kraft ausgeübt wird. Warum sollte die wechselnde Magnetisierung nicht auf diese Kraft einwirken? Die Antwort auf diesen Einwand ist, daſs, falls auſser der von auſsen her wirkenden Kraft keine andere vorhanden ist, die Phasen dieser Kraft und der Magnetisierung zusammenfallen werden, und daſs aus diesem Grunde die Zunahme der Magnetisierung in Quadratur mit der Kraft sein wird. Somit kann auch in diesem Falle kein dauernder Arbeitsaufwand erforderlich sein. Denn obgleich in einigen Phasen Arbeit geleistet werden kann, wird dieselbe stets in einer vollen Periode wieder zurückgewonnen, wie ich im Jahre 1885 in meinen Abhandlungen über Wechselströme angegeben und bewiesen habe.

Ich glaube daher, dafs aufser den Kräften AB und BC noch eine weitere Kraft vorhanden ist, welche, durch die Zunahme der Magnetisierung ins Dasein gerufen, in Quadratur mit der Magnetisierung und somit in gleicher Phase mit FB oder BC ist.

Es werde also (Fig. 31) die Gerade BC verlängert, bis sie in D die senkrecht auf BC gezogene Linie AD trifft. Dann wird AD die magnetische Nutzkraft, d. h. jene magnetische Kraft sein, welche, von einem Gleichstrome erhalten, die thatsächliche Magnetisierung hervorruft. Ist also M das Maximum der Magnetisierung, so ist $M = \dfrac{4\pi \cdot AD}{\varrho}$, wo ϱ der magnetische Widerstand ist.

Es ist somit $AD = \dfrac{M\varrho}{4\pi}$.

Wenn $2T$ die ganze Periode ist, so ist $\dfrac{\pi M}{T}$ die maximale Zunahme von M pro Zeiteinheit. Und wenn

$$N\frac{\pi M}{T} = DC,$$

so kann N der Koeffizient der magnetischen Selbstinduktion genannt werden.

Sofern irgend eine temporäre Bezeichnung erforderlich sein sollte, könnte CD als Darstellung der Foucault Ampère-Windungen, welche in dem Kerne selbst vorhanden sind, angesehen werden.

Ersetzen wir M durch $\dfrac{4\pi \cdot AD}{\varrho}$, so folgt

$$DC = \frac{N\pi}{T} \cdot \frac{4\pi \cdot AD}{\varrho}$$

oder

$$\frac{DC}{AD} = \operatorname{tg}\varphi = \left(\frac{4\pi^2}{T\varrho}\right) N.$$

Ich habe im Vorhergehenden auseinandergesetzt, wie $\operatorname{tg}\varphi$ aus den Dynamometerablesungen erhalten werden kann. Wir können somit diese Formel zur Bestimmung des Wertes und der Konstanz von N verwenden, wenn wir uns auf die durch Zeitbeobachtung erhaltenen Werte von T und die anderweitig bekannten Werte von ϱ verlassen können.

Solange die Magnetisierung mit der magnetisierenden Kraft Schritt halten kann, ist ϱ konstant. Diese Bedingung ist genügend bekannt, und AD darf eben diesen Grenzwert der Kraft nicht überschreiten. Es ist mithin wünschenswert, AD zu kennen.

Nun ist

$$AD = AB \sin \theta = m\, J_1 \sqrt{1 - \cos^2 \theta}$$

$$= m\, \sqrt{2\, Aa_1} \cdot \sqrt{1 - \frac{C^2\, a_3{}^2}{Aa_1 \cdot Ba_2}}$$

$$= \sqrt{2} \cdot m \cdot \sqrt{\frac{Aa_1\, Ba_2 - C^2\, a_3{}^2}{Ba_2}}.$$

Neue Untersuchungen sollten sich also in der folgenden Richtung bewegen. Es sollte durch Experimente mit so schwachen Strömen und so geringen Windungszahlen, daſs der magnetische Widerstand ϱ mit Sicherheit als konstant angesehen werden kann, die Konstanz oder Veränderung von N bei verschiedenen Geschwindigkeiten untersucht werden. Zu diesem Zwecke müſste man sich irgend eines Geschwindigkeitsmessers bedienen.

In seiner bereits erwähnten Abhandlung über Transformatoren sagt Professor Forbes, daſs das Vorhandensein von Hysteresis eine Abweichung von dem harmonischen Charakter der Bewegung hervorrufe, daſs jedoch die Wirkungen klein und vernachlässigbar seien.

Bleibt N konstant, so wird der harmonische Charakter der Bewegung aufrecht erhalten, wie groſs auch der Wert von N sein mag. Sollte jedoch das Experiment zeigen, daſs die induzierte Kraft wie das Quadrat oder eine höhere Potenz der Änderung der Magnetisierung pro Zeiteinheit variiert, dann würde allerdings eine bedeutende Modifikation Platz greifen. Dies tritt wahrscheinlich bei Erreichung der Sättigung ein.

In der vorhergehenden Untersuchung habe ich magnetisierende Kraft als Gröſse von der Dimension eines Stromes dargestellt und in den bisher gegebenen Formeln mich dieser bequemen Ausdrucksweise bedient; genau genommen ist sie jedoch von der Dimension eines Feldes, und bei Feststellung der Dimensionen von N müssen wir uns dieser Thatsache erinnern. Das M im Vorhergehenden ist thatsächlich von der Dimension einer Induktion, nämlich $[l^{-\frac{1}{2}} t^{-1} m^{\frac{1}{2}}]$. Nun ist die Zunahme der

Induktion pro Zeiteinheit multipliziert mit N gleich einem Felde, oder $[l^{-\frac{1}{2}} t^{-1} m^{\frac{1}{2}}]$; also

$$\frac{N \cdot [l^{-\frac{1}{2}} t^{-1} m^{\frac{1}{2}}]}{t} = [l^{-\frac{1}{2}} t^{-1} m^{\frac{1}{2}}] \quad \text{oder} \quad N = [t].$$

Die Experimente, deren Ergebnisse ich nun der Versammlung vorlege, wurden in dem Etablissement der Herren Nalder Brothers & Co., Westminster, ausgeführt, und ich bin diesen Herren selbst, sowie den Herren Crawley und Mott für ihre Unterstützung bei der Durchführung der Versuche zu hohem Danke verpflichtet.

Es sollte durch diese Experimente nur das Vorhandensein einer magnetischen Verzögerung konstatiert und der Winkel der Verzögerung gemessen werden.

Die verwendete Maschine und der Transformator waren Kappsche Typen. Die Windungszahlen in den beiden Spulen waren für mich durch Herrn Crawley bestimmt worden; sie waren 100, bezw. 12.

Bei Betrachtung der erheblichen Differenzen in den Verhältnissen der beiden Ströme scheint mir die konstante Größe des Verzögerungswinkels auf ein einfaches Gesetz zwischen diesem Winkel und der Magnetisierung hinzudeuten.

Bei den Versuchen wurde kein sehr genauer Geschwindigkeitsmesser verwendet, doch war in den ersten sechs Experimenten die Geschwindigkeit annähernd die gleiche. In der siebenten Versuchsreihe wurde die Geschwindigkeit absichtlich bedeutend verringert und zwar um etwa ein Drittel jener in den vorhergehenden Reihen; und nur diese Versuchsreihe zeigt einen Verzögerungswinkel kleiner als 5^{0}.

No. der Versuchsreihe	$Aa_1 = \dfrac{J_1{}^2}{2}$	$Ba_2 = \dfrac{J_2{}^2}{2}$	Ca_3	$\dfrac{m}{n}\,Ca_3$	θ	φ	$\sqrt{Aa_1}\,\sin\theta$
1. . . .	33,29	52,65	10,37	86,46	$75^{0}\,40'$	$5^{0}\,43'$	5,590
2. . . .	34,43	59,74	11,50	95,83	$75^{0}\,19'$	$5^{0}\,38'$	5,676
3. . . .	37,09	92,14	17,34	144,50	$72^{0}\,45'$	$6^{0}\,25'$	5,816
4. . . .	70,38	86,06	17,43	145,22	$77^{0}\,4'$	$5^{0}\,21'$	8,176
5. . . .	81,17	81,00	17,21	143,42	$77^{0}\,45'$	$5^{0}\,24'$	8,804
6. . . .	84,97	29,03	7,83	65,26	$80^{0}\,56'$	$5^{0}\,4'$	9,103
7. . . .	8,21	101,59	14,31	119,26	$60^{0}\,17'$	$4^{0}\,50'$	2,488

No. der Versuchs-reihe	r_1	r_2	$\dfrac{J_1{}^2}{2}\,r_1$	$\dfrac{J_2{}^2}{2}\,r_2$	Innere mag-netische Arbeit $= H$	$\dfrac{H}{A a_1 \sin^2 \theta}$
1. . . .	2,01	2,51	66,91	132,15	84,96	2,72
2. . . .	„	2,36	69,20	140,99	85,17	2,64
3. . . .	„	1,96	74,55	180,59	102,63	3,03
4. . . .	„	. . .	141,46			
5. . . .	„	2,87	163,15	232,47	179,15	2,31
6. . . .	„	4,77	170,79	138,47	172,82	2,09
7. . . .	„	0,72	16,50	73,14	12,73	2,06

Zusatz:

Die auf Seite 93 für E^2 und auf Seite 94 für die Arbeiten gegebenen Ausdrücke sind ganz allgemein gültig, also unabhängig von der Natur der Variation des Stromes. Ist nämlich M die Anzahl der Kraftlinien im Transformator und werden sämtliche im letzten Kapitel gegebenen Bezeichnungen beibehalten, so ist $m\,\dfrac{dM}{dt} = $ der gegenelektromotorischen Kraft der primären Spule. Also die Nutzkraft derselben

$$r_1\,J_1 = E - m \cdot \frac{dM}{dt}$$

und jene der sekundären Spule

$$r_2\,J_2 = n \cdot \frac{dM}{dt}.$$

Somit folgt durch Substitution

$$E = \frac{m}{n}\,r_2\,J_2 + r_1\,J_1 \quad \ldots \ldots \quad (1)$$

oder

$$E^2 = \frac{m^2}{n^2}\,r_2{}^2\,J_2{}^2 + r_1{}^2\,J_1{}^2 + \frac{m}{n}\,r_1\,r_2\,J_1\,J_2.$$

Integriert man diesen Ausdruck zwischen 0 und $2\,T$, dividiert durch $2\,T$ und setzt für die entsprechenden Werte die Dynamometerablesungen ein, so folgt für den Mittelwert von E^2

$$(E^2) = \frac{m^2}{n^2}\,r_2{}^2 \cdot B a_2 + r_1{}^2\,A a_1 + 2\,\frac{m}{n}\,r_1\,r_2\,C a_3,$$

welches $(E^2) = $ dem $\dfrac{E^2}{2}$ auf Seite 93 ist, wo wir nur harmonische Ströme behandelten, deren maximale elektromotorische Kraft E war.

7*

Multipliziert man Gleichung (1) mit J_1, so folgt der Ausdruck

$$E\,J_1 = r_1\,J_1{}^2 + \frac{m}{n}\,r_2\,J_1\,J_2,$$

dessen linke Seite die von der Quelle geleistete Arbeit darstellt. Integriert man auch hier von 0 bis $2\,T$, dividiert durch $2\,T$ und setzt die Dynamometerablesungen ein, so ergibt sich die mittlere

Gesamtarbeit $= r_1\,Aa_1 + \dfrac{m}{n}\,r_2\,Ca_3$, und die für Hysteresis ver-

brauchte Arbeit $= r_2\left\{\dfrac{m}{n}\,Ca_3 - Ba_2\right\}$ wie auf S. 94.

θ	$\dfrac{\cosh\theta + \cos\theta}{2}$	$\dfrac{\cosh\theta - \cos\theta}{2}$	$\cosh\theta$	$\cos\theta$
0,0	1,0000000	0,0000000	1,0000000	1,0000000
0,01	1,0000000	0,0000500	1,0000500	0,9999500
0,02	1,0000000	0,0002000	1,0002000	0,9998000
0,03	1,0000000	0,0004500	1,0004500	0,9995500
0,04	1,0000001	0,0008000	1,0008000	0,9992001
0,05	1,0000003	0,0012500	1,0012503	0,9987503
0,06	1,0000005	0,0018000	1,0018005	0,9982005
0,07	1,0000010	0,0024500	1,0024510	0,9975510
0,08	1,0000017	0,0032000	1,0032017	0,9968017
0,09	1,0900027	0,0040500	1,0040527	0,9959527
0,10	1,0000042	0,0050000	1,0050042	0,9950042
0,2	1,0000667	0,0200001	1,0200668	0,9800666
0,3	1,0003375	0,0450010	1,0453385	0,9553365
0,4	1,0010667	0,0800060	1,0810724	0,9210607
0,5	1,0026043	0,1250217	1,1276260	0,8775826
0,6	1,0054004	0,1800648	1,1854652	0,8253356
0,7	1,0100056	0,2451634	1,2551690	0,7648422
0,8	1,0170708	0,3203641	1,3374349	0,6967067
0,9	1,0273482	0,4057382	1,4330864	0,6216100
1,00	1,0416915	0,5013892	1,5430807	0,5403023
1,1	1,0610573	0,6074612	1,6685185	0,4535961
1,2	1,0865066	0,7241489	1,8106555	0,3623577
1,3	1,1192066	0,8517078	1,9709144	0,2674988
1,4	1,1604328	0,9904656	2,1508984	0,1699672
1,5	1,2124438	1,1399658	2,3524096	0,0724780
1,6	1,2741325	1,3033320	2,5774645	— 0,0291995
1,7	1,3497354	1,4785800	2,8283154	— 0,1288446
1,8	1,4401355	1,6673376	3,1074731	— 0,2272021
1,9	1,5472209	1,8705105	3,4177314	— 0,3232896
2,0	1,6730244	2,0891713	3,7621957	— 0,4161469
2,1	1,8197334	2,3245796	4,1443130	— 0,5048462
2,2	1,9897036	2,5782048	4,5679084	0,5885012
2,3	2,1854716	2,8517475	5,0372191	— 0,6662759
2,4	2,409776	3,147170	5,556947	— 0,7373937
2,5	2,665573	3,466717	6,132290	— 0,8011436
3,0	4,538775	5,528771	10,06766	— 0,989996
4,0	13,15412	13,98094	27,30824	— 0,82681